9783642896866
W0016636

Aufschaukelung und Dämpfung von Schwingungen

Von

Dr.-Ing. Otto Föppl

a. o. Professor an der Technischen Hochschule und
Vorstand des Wöhler-Instituts, Braunschweig

Zweiter Band

zu

Grundzüge der Technischen Schwingungslehre

Mit 72 Abbildungen im Text

Berlin

Verlag von Julius Springer

1936

Vorwort.

Die technische Schwingungslehre hat in den letzten Jahren eine große Entwicklung erfahren. Vor allem haben technische Schwingungsfragen für rasch laufende Maschinen, Flugzeuge, Schiffe usw. außergewöhnlich große Bedeutung bekommen. Diese Entwicklung hat es notwendig gemacht, daß den „Grundzügen der technischen Schwingungslehre" ein Band 2 zugefügt werden mußte, der die in der Technik besonders interessierenden Fragen der Aufschaukelung und Dämpfung von Schwingungen behandelt. Es wird gezeigt, daß man in einer ganzen Reihe von Fällen, bei denen man bisher auf gut Glück konstruiert hat, vorausberechnen kann, ob die auftretenden Eigenschwingungszahlen zu gefährlich großen Ausschlägen führen können oder nicht. Darüber hinausgehend zeigt der Verfasser, wie man an einer fertigen Maschine unliebsame Schwingungserregungen durch Einbau von geeigneten Dämpfungsvorrichtungen vermeiden oder wesentlich mildern kann.

In den einzelnen Kapiteln werden folgende Fragen behandelt: Zuerst werden die verschiedenen Arten angegeben, wie man das Dämpfungsmaß für Schwingungen ausdrücken kann. Das Dämpfungsmaß bei schwach gedämpften Schwingungen ist gleichbedeutend mit der verhältnismäßigen Aufschaukelung.

Das nächste Kapitel befaßt sich mit der Aufschaukelung von Kurbelwellenschwingungen. Es wird hier gezeigt, wann es gefährlich ist, eine Verbrennungskraftmaschine in einem kritischen Gebiet laufen zu lassen und unter welchen Umständen die Aufschaukelung so gering ist, daß die Resonanzerregung zu keinen großen Ausschlägen führt. An einem der Praxis entnommenen Beispiel einer 400 PS Dieselmaschine wird gezeigt, wie man durch verschiedene Bemessung des Durchmessers der Dynamowelle einmal die Schwingung 1. Grades und das andere Mal die Schwingung 2. Grades als die gefährliche erhält, während bei einem Zwischenwert beide Schwingungen gleich gefährlich sind. Ganz besonders groß kann in diesem Fall der Einfluß der Dämpfungsfähigkeit der Dynamowelle sein, die man unter besonderen Umständen aus einem sehr dämpfungsfähigen Stahl von ganz geringer Festigkeit herstellen sollte.

Die Aufschaukelung einer Schwingungsanordnung, bei der die Masse längs der Achse gleichmäßig verteilt ist, hat besondere Bedeutung für die Aufschaukelung von Seilschwingungen, die z. B. im Fernleitungsbau oft unliebsame Störungen verursachen. Wenn Schwingungen an fertigen Anlagen auftreten, kann man die Bruchgefahr oft durch nachträglichen Einbau von Dämpfungsvorrichtungen sehr verringern.

Es wird ferner die Aufhängung von umlaufenden Maschinen im Gummi behandelt, durch die Schwerpunktsverlagerungen im Betrieb ausgeglichen werden sollen. Es wird gezeigt, wie eine solche Gummiaufhängung berechnet werden kann.

In einem besonderen Kapitel werden Versuchsergebnisse mitgeteilt, die in der Praxis mit Resonanzschwingungsdämpfern der verschiedenen Arten erzielt worden sind.

Endlich werden Schiffsschwingungen behandelt, die mit dem Frahmschen Schlingertank oder mit dem Schlickschen Schiffskreisel aufgeschaukelt oder gedämpft werden können. Man kann die Wirkung einer solchen Vorrichtung durch ein einfaches Maß ausdrücken. Der Frahmsche Schlingertank wird zweckmäßig durch eine im Tempo der Eigenschwingungszahl des Schiffs in geeigneter Weise betätigte Drosselklappe in Resonanz mit der Schiffsschwingung gebracht, während der Schlick'sche Schiffskreisel besonders wirkungsvoll als Rotationskreisel ausgebildet wird, dessen Umlaufzahl von der Schiffsschwingung her gesteuert werden muß. Mit Hilfe des Rotationskreisels kann man auch andere im Erdschwerefeld erfolgende Drehschwingungen aufschaukeln. Es werden Versuchsergebnisse mit einer solchen Antriebsvorrichtung für die Aufpendelung einer Schaukelschwingung und einer Glockenschwingung behandelt.

Das Buch wendet sich nicht nur an den heranwachsenden Ingenieur, der mit dem neuesten Stand der Schwingungstechnik vertraut gemacht werden soll, sondern auch an die ausführende Praxis, die an vielen Stellen wertvolle Hinweise einerseits für die Bekämpfung, anderseits für die Ausnützung von mechanischen Schwingungen erhält.

Die Herren Dipl.-Ing. Kurt Jaekel und Dr.-Ing. Wilhelm Wagenblast haben mich freundlicherweise bei der Durchsicht der Korrekturbogen unterstützt.

Braunschweig, Ende Mai 1936.

O. Föppl.

Inhaltsverzeichnis.

I. Das Dämpfungsmaß der Schwingungen.

§ 1. Einführung. Man muß grundsätzlich unterscheiden zwischen Schwingungserregung mit Resonanz und ohne Resonanz. Wenn wir z. B. eine Dieselmaschine im oberen Stockwerk eines Gebäudes aufstellen würden, so würden bei jeder Drehzahl störende Schwingungen auftreten, die den Betrieb unmöglich machen würden. Es kann nebenbei eine oder mehrere Drehzahlen der Maschine geben, bei denen die erregten Schwingungen besonders groß werden.

Wenn wir nun die gleiche Maschine auf ein gutes Fundament im Erdgeschoß stellen, so wird man z. B. den Betrieb bei allen Drehzahlen außer einer bestimmten Drehzahl, bei der ein Gebäudeteil in Resonanz erregt wird, ohne Störung durchführen können. Wenn die Maschine bei der Resonanzdrehzahl läuft, so kann der betreffende Gebäudeteil zu so großen Schwingungen angeregt werden, daß der Betrieb nicht störungsfrei durchgeführt werden kann.

Im ersteren Fall haben wir also ohne Vorliegen einer bestimmten Resonanz so starke Schwingungserscheinungen, daß die Maschine überhaupt nicht betrieben werden kann, im zweiten Fall ist der Betrieb nur bei einer bestimmten Drehzahl ausgeschlossen, bei der die erregenden Kräfte in Resonanz mit der Eigenschwingungszahl eines gefährdeten Bauteils stehen. In jedem Fall, in dem störende Schwingungen auftreten, muß man untersuchen, ob die Schwingungen auf die besonders großen Erregerkräfte oder auf Resonanzerregung zurückzuführen sind. Die nachfolgenden Betrachtungen beziehen sich vor allem auf den letzteren Fall.

§ 2. Schwingungen mit geringer Eigendämpfung. Die Erregung einer Schwingung in der Nähe des Resonanzgebietes ist besonders gefährlich, wenn im Beharrungszustand große Schwingungsausschläge erhalten werden. Die Größe der Schwingungsausschläge hängt aber von der Dämpfung ab, die mit den Schwingungen verbunden ist. Die Dämpfung kann auf verschiedene Ursachen zurückzuführen sein: sie kann von der Reibung fester Körper gegeneinander herrühren; wir kennen ferner Luftdämpfung oder Wasserdämpfung, bei der die Schwingungsenergie durch Flüssigkeitsreibung oder Wirbel fortgeleitet wird, und wir haben endlich in diesem Zusammenhang die Baustoffdämpfung zu erwähnen, durch die sich der Werkstoff selbst vor zu großen Schwingungsbeanspruchungen schützt. Die Werkstoffdämpfung tritt dann wesentlich in die Erscheinung, wenn die äußeren Dämpfungen nur sehr gering sind. Die Werkstoffdämpfung ist sozusagen das letzte Sicherheitsventil, das vor Einsetzen des Dauerbruchs gezogen wird. Es gibt viele Werkstoffe, die erhebliche Dämpfungsbeträge im Innern umsetzen können, bei denen also das Ziehen dieses Sicherheitsventils nicht der Vorläufer eines Bruches zu sein braucht (z. B. weicher Stahl). Bei anderen Werkstoffen tritt dagegen schon ein Dauerbruch auf, bevor der Werkstoff einigermaßen zur inneren Dämpfung herangezogen werden kann (z. B. gehärteter Federstahl).

Eine mechanische unerwünschte Schwingung verdient dann besondere Beachtung, wenn die Schwingungsausschläge zu großen Beträgen anwachsen müssen, um Gleichgewicht zwischen zugeführter Erregungsenergie und abgeführter Dämpfungsarbeit zu erzielen, also bei geringer Dämpfung. Mit den schwach gedämpften Schwingungen werden wir uns deshalb im nachfolgenden eingehend zu befassen haben. Wir werden insbesondere sehen, daß man durch zusätzliche Schwingungsdämpfer gerade in diesem Fall besonders günstige Wirkungen erzielen kann.

§ 3. Schwingung mit großer Erregung. Schwingungsausschläge können aber auch dann zu gefährlicher Größe anwachsen, wenn zwar die Dämpfung nicht besonders klein ist (ψ[1] größer als 1,0), wenn aber gleichzeitig die erregenden Kräfte, die die Schwingungen im Tempo der Eigenschwingungszahl anfachen, so groß sind, daß trotz der verhältnismäßig großen Dämpfung große Schwingungsausschläge erhalten werden. Wir werden in der nachfolgenden Betrachtung (§ 5) sehen, daß auch eine Dämpfung $\psi = 1,0$, die doch bei der ersten Überlegung verhältnismäßig groß zu sein scheint, eine erhebliche Gefährdung des in Resonanz erregten Teiles zur Folge haben kann, so daß die tatsächlichen Beanspruchungen im Resonanzbetrieb mehr als fünfmal so groß sein können wie die Beanspruchungen, die man unter Berücksichtigung der erregenden Kräfte auf statischem Wege berechnet.

Dieser Fall tritt z. B. bei Kurbelwellenschwingungen auf, bei denen die die Schwingung anfachenden Kräfte (das pulsierende Drehmoment herrührend von den Kolbenkräften) so groß sind, daß sie trotz der verhältnismäßig großen Eigendämpfung verhält-

---

[1] Die Definition für diese Maßzahl folgt in § 4 und § 5.

nismäßig große Schwingungsausschläge zur Folge haben können. Auch in diesem Fall ist natürlich die Größe der Dämpfung wesentlich für die Größe der Schwingungsausschläge. Bei einem Wert $\psi = 1{,}0$ hat man etwa eine Steigerung der Beanspruchung gegenüber der statischen Beanspruchung auf mehr als den fünffachen Wert zu erwarten, während eine aperiodisch gedämpfte Schwingung überhaupt nicht durch Resonanzerregung gefährlich große Beanspruchungen auslösen kann. Man sieht daraus, daß man auch bei scheinbar verhältnismäßig stark gedämpften Schwingungen ($\psi = 1{,}0$) auf die Größe der Dämpfung und die Gefährdung der Schwingungsanordnung bei Resonanz zu achten hat.

§ 4. Messung der Eigendämpfung durch den Ausschwingversuch. Bevor wir uns mit der Aufschaukelung oder Dämpfung einer schwingenden Anordnung befassen, müssen wir die Größe der Aufschaukelung oder Dämpfung messen können. Die Größe der Systemdämpfung kann entweder durch Ausschwingversuche oder durch Dauerversuche bestimmt werden. Wir befassen uns zunächst mit der ersten Art.

Wir setzen voraus, daß auf das schwingende System eine dämpfende Kraft von außen wirkt, die stets entgegengesetzt der Bewegungsrichtung wirkt und die verhältnisgleich der Geschwindigkeit ist[1]. Wir beziehen uns ferner auf den einfachsten Fall einer Schwingung, der etwa durch eine an einem Ende festgehaltene Feder wiedergegeben ist, die am freien Ende eine Masse m trägt[2] (Abb. 1). Den Ausschlag der Masse in Richtung der Feder bezeichnen wir mit ξ. Die Federkonstante c gibt an, daß zu einem Federausschlag von 1 cm eine Federkraft von c kg zugehört. Die Schwingungsgleichung der Anordnung lautet dann:

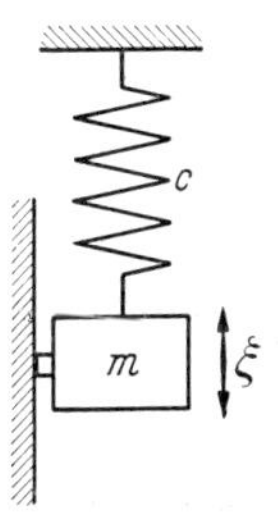

Abb. 1.
Schwingungsanordnung einer Masse m mit Feder c.

$$m\,\frac{d^2\xi}{dt^2} = -\,c\,\xi - k\,\frac{d\xi}{dt}\,. \tag{1}$$

An der angegebenen Stelle[2] ist gezeigt, daß diese Gleichung je nach der Größe des Reibungskoeffizienten k zwei verschiedenartige Lösungen hat: die aperiodische Bewegung für $k > 2\sqrt{mc}$ und die gedämpfte Schwingung für $k < 2\sqrt{mc}$. Die Größe des Reibungsfaktors k kann man für einen bestimmten Fall schwer beurteilen. Es ist deshalb zweckmäßig, die Dämpfung noch in einer anderen

---

[1] Eine andere Annahme über die Abhängigkeit zwischen Dämpfungskraft und Ausschlag hat v. Schlieppe behandelt (Ing.-Arch. 1935 S. 127).

[2] Siehe O. Föppl: Grundz. d. Techn. Schwingungsl., 2. Aufl., S. 104.

Art zu bestimmen, die durch Einführung der verhältnismäßigen Dämpfung ψ oder des logarithmischen Dekrements δ erhalten wird.

Als Maß für die Dämpfung führen wir das Verhältnis der Energieabnahme auf eine Schwingung geteilt durch die Schwingungsenergie ein. Die Angabe bezieht sich allerdings nur auf schwach gedämpfte Schwingungen. Wir denken uns die Formänderungsenergie in den äußersten Schwingungslagen auf einer Seite bestimmt und bezeichnen etwa mit A_0 die Formänderungsenergie zu Beginn der Zeitzählung, zu dem der Schwingungsausschlag einen Größtwert haben soll. A_1 sei die Formänderungsenergie, die dem Fortschreiten um eine volle Schwingungsdauer T (d. h. um den Winkel 2π im Vektor-Diagramm) entspricht. A_2 sei die Formänderungsenergie, die z. Zt. $t = 2 \cdot T$ zugehört, usw. Wir können dann die Schwingungsenergie A als Funktion der Schwingungszahl z auftragen (Abb. 2). Durch Verbinden der einzelnen Punkte wird eine geschlossene Kurve erhalten. Wir definieren die verhältnismäßige Dämpfung als

$$\psi_1' = \frac{\varDelta A}{A \cdot \varDelta z}. \tag{2}$$

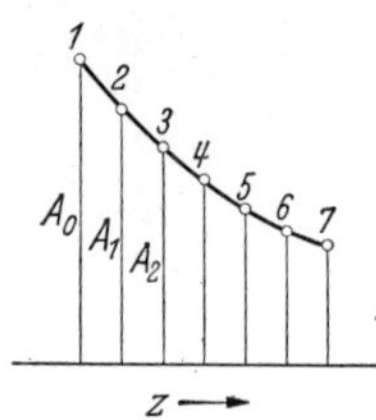

Abb. 2.
Schwingungsenergie A in Abhängigkeit von der Schwingungszahl z bei einer abklingenden Schwingung.

In dieser Gleichung ist $\varDelta A$ die Abnahme der Schwingungsenergie, die zum Fortschreiten $\varDelta z$ um eine Schwingung zugehört.

Nachdem wir eine Kurve durch die einzelnen Punkte 0, 1, 2, 3 (Abb. 2) gelegt haben, können wir auch den Differentialquotient $\frac{dA}{dz}$ einführen. Wir erhalten aus Gl. (2):

$$\psi_1 = \frac{dA}{A \cdot dz} = \frac{d \ln A}{dz} = \frac{d\, c\, \xi_0^2}{c^2 \xi_0^2 dz} = \frac{2\, d\xi_0}{\xi_0\, dz} = 2\frac{d \ln \xi_0}{dz}. \tag{3}$$

ψ_1 ist das logarithmische Dekrement der Formänderungsarbeit. Wir wollen im nachfolgenden ψ_1 in dieser Form verwenden. Für schwache Dämpfung stimmt ψ_1 mit dem Wert überein, der aus der Energieabnahme für eine Schwingung erhalten wird.

Statt der Formänderungsarbeit A hätten wir auch den Ausschlag ξ_0 einführen können. Unter der Annahme, daß A verhältnisgleich mit ξ_0^2 anwächst $\left(A = \dfrac{c\,\xi_0^2}{2}\right)$, ist nach Gl. (3) das logarithmische Dekrement des Schwingungsausschlags $\left(\delta = \dfrac{d \ln \xi_0}{dz}\right)$ halb so groß wie die verhältnismäßige Dämpfung ψ_1 $\left(\text{also } \delta = \dfrac{\psi_1}{2}\right)$.

Den Wert ψ_1 setzen wir in Beziehung zu den übrigen Größen, die in Gl. (1) auftreten oder daraus hervorgehen. Nach den Grundzügen der technischen Schwingungslehre, S. 107, ist der Größtausschlag ξ_{10} zur Zeit t_1 gleich $\dfrac{v_0}{\gamma'}\, e^{-\frac{k}{2\,m}\,t_1}$ und zur Zeit t_2 gleich $\xi_{20} = \dfrac{v_0}{\gamma'}\, e^{-\frac{k}{2\,m}\,t_2}$. Nach der bezeichneten Stelle ist γ' gleich

$$\gamma' = \sqrt{\frac{c}{m} - \frac{k^2}{4\,m^2}} = \frac{\sqrt{4\,cm - k^2}}{2\,m}\,. \tag{4}$$

Ferner ist $t_2 - t_1$ gleich der Schwingungsdauer T. In Gl. (3) ersetzen wir dz durch 1, d. h. wir nehmen an, daß wir um eine Schwingung weitergegangen sind, dann erhalten wir

$$\psi_1 = \ln A_1 - \ln A_2 = \ln \frac{A_1}{A_2}\,. \tag{5}$$

Die Formänderungsarbeiten A_1 bzw. A_2 sollen aber verhältnisgleich dem Quadrate der zugehörigen Ausschläge sein. Wir erhalten also

$$\frac{A_1}{A_2} = \frac{\xi_{10}^2}{\xi_{20}^2} = \frac{\left(\dfrac{v_0}{\gamma'}\, e^{-\frac{k}{2\,m}\,t_1}\right)^2}{\left(\dfrac{v_0}{\gamma'}\, e^{-\frac{k}{2\,m}\,t_2}\right)^2} = e^{\frac{k}{m}\,(t_2 - t_1)} \tag{6}$$

und infolgedessen nach Gl. (5) und (6)

$$\psi_1 = \frac{k}{m}\, T = \frac{4\,\pi\,k}{\sqrt{4\,m\,c - k^2}} = 2\,\delta_1\,. \tag{7}$$

Den Wert von $T = \dfrac{4\,\pi\,m}{\sqrt{4\,m\,c - k^2}}$ haben wir von S. 107 der Grundzüge entnommen.

Wir haben einen Ausdruck erhalten, mit dessen Hilfe wir die Dämpfung eines schwingenden Systems in anschaulicher Form ausdrücken können. Unter der verhältnismäßigen Dämpfung ψ oder der verhältnismäßigen Ausschlagabnahme δ auf eine Schwingung kann man sich etwas vorstellen, da die Ausschlagabnahme bei einer abklingenden Schwingung unmittelbar beobachtet wird.

Bei schwach gedämpften Schwingungen kann man zur Vermeidung der logarithmischen Rechnung angenähert das logarithmische Dekrement δ_2 auch in folgender Weise angeben:

$$\delta_2 = \frac{\xi_{10} - \xi_{20}}{(\xi_{10} + \xi_{20}) : 2} = \frac{\psi_2}{2}\,. \tag{8}$$

Auf dem Bruchstrich steht die Abnahme von zwei aufeinanderfolgenden Größtschwingungsausschlägen der gleichen Seite, während unter dem Bruchstrich der Mittelwert dieser Schwingungsausschläge steht.

Der Wert von ψ_2 ist in der 3. Spalte der Zahlentafel 1 eingetragen.

Nach Gl. (7) kann die verhältnismäßige Dämpfung nur für solche Werte angegeben werden, für die $4\,mc$ größer ist als k^2. Wenn k gleich $2\sqrt{mc}$ wird, ist der Wert von ψ_1 nach Gl. (7) unendlich groß. Bei noch größerem Anwachsen des Reibungsfaktors k wird der Wert von ψ_1 imaginär. Das ist ein offensichtlicher Nachteil, der im vorstehenden gegebenen Definition für die Dämpfungsmessung. Es ist ja selbstverständlich, daß man auch bei einer aperiodischen Schwingung $(k > 2\sqrt{mc})$ von verschieden großer Dämpfung reden kann, je nachdem k wenig oder viel größer ist als $2\sqrt{mc}$. Mit der hier gegebenen Definition kann man also nur die Dämpfungsbeträge messen, die eine wirkliche Schwingungsbewegung zulassen. Im nachfolgenden Abschnitt werden wir eine andere Definition für die Dämpfungsmessung aufstellen, die bei schwachgedämpften Schwingungen in die bisherige Definition übergeht und die auch bei stark gedämpften aperiodisch verlaufenden Schwingungsmessungen Maßangaben für die Dämpfung zuläßt.

§ 5. Messung der Eigendämpfung durch den Dauerversuch bei Resonanz im Beharrungszustand. In § 52 der „Grundzüge" (S. 129) ist der Fall einer gedämpften Schwingung behandelt, die durch eine äußere Kraft $K \cdot \sin \eta t$ angeregt wird. Die Bewegungsgleichung (1) geht dann über in

$$m\,\frac{d^2\xi}{dt^2} + c\,\xi + k\,\frac{d\xi}{dt} = K \sin \eta t\,. \tag{9}$$

Wir nehmen an, daß die erregende Kraft im Tempo der Eigenschwingungszahl erfolgt, d. h. also $\eta = \sqrt{\dfrac{c}{m}}$. Wir erhalten in diesem Falle Beharrungszustand mit einem größten Ausschlag ξ_0, der gleich ist $\dfrac{K}{k}\sqrt{\dfrac{m}{c}}$ (Grundzüge S. 131). Die Schwingung ist in Resonanz erregt; es wird durch die äußere Erregung K dauernd soviel Arbeit nachgeliefert, wie durch die Systemdämpfung (Reibung, Werkstoffdämpfung usw.) vernichtet wird. Wir können nun wieder die Dämpfung ψ_3 mit Hilfe der während einer vollen Schwingung nachgelieferten Arbeit $\varDelta A$ definieren, die wir ins Verhältnis zur Schwingungsenergie setzen. Es ist also

$$\psi_3 = \frac{\varDelta A}{A}\,. \tag{10}$$

Im Gegensatz zu Gl. (2) verstehen wir also hier unter ΔA die im Beharrungszustand je Schwingung nachgelieferte Arbeit einer erregten Schwingung (nicht den Energieverlust je Schwingung bei einer ausklingenden Schwingung).

ΔA ist nach der gleichen Stelle bei Resonanz gleich $\pi \cdot \xi_0 \cdot P_{max}$. Die in der äußersten Lage aufgespeicherte Formänderungsarbeit A ist gleich $\frac{1}{2}\,\xi_0 \cdot P_0$. In diesen Ausdrücken bedeuten ξ_0 den Größtausschlag, P_{max} die größte Kraft, die von außen wirkt und die nach Gl. (9) gleich K ist und P_0 die Federkraft, die zur äußersten Schwingungslage ξ_0 zugehört. P_0 können wir ersetzen durch $c\,\xi_0$ und K durch

$$K = P_{max} = \xi_0\, k\, \sqrt{\frac{c}{m}} \quad \text{(Grundzüge, S. 131).} \tag{11}$$

Wir erhalten also

$$\psi_3 = \frac{2\,\pi\,\xi_0^2\, k\,\sqrt{\dfrac{c}{m}}}{c\,\xi_0^2} = \frac{4\,\pi\,k}{\sqrt{4\,c\,m}}\,. \tag{12}$$

ψ_3 ist die verhältnismäßige Energieumsetzung einer in Resonanz (d. h. mit 90° Phasenverschiebung) erregten gedämpften Schwingung. Wir vergleichen nun die Ergebnisse der Gl. (7) u. (12) miteinander. Bei der neuen Definition für die verhältnismäßige Dämpfung ψ_3 ist unter dem Wurzelausdruck im Nenner k^2 weggefallen. Solange k^2 klein ist gegenüber $4\,c \cdot m$, ist der Unterschied in den Werten ψ_1 und ψ_3 gering. An der Grenze zwischen Schwingungsbewegung und aperiodischer Bewegung ($k^2 = 4\,cm$) ist ψ_1 unendlich, ψ_3 dagegen 4π. Es liefert ψ_3 auch dann noch reelle Werte, wenn der Reibungsfaktor k über diesen Grenzwert hinaus anwächst. Es ist ja selbstverständlich, daß man auch eine aperiodische Bewegung in Resonanz erregen und die zugehörige Dämpfung bestimmen kann, indem man die zur Unterhaltung der Bewegung während einer vollen Schwingung nachzuliefernde Energie mißt.

In der Zahlentafel 1 sind die zugehörigen Werte von ψ_1 und ψ_3 gegenübergestellt. Man sieht daraus, daß nur bei großer Dämpfung ein wesentlicher Unterschied zwischen den beiden Werten vorhanden ist. In der Literatur wird die Dämpfung auch oft durch einen Dämpfungsfaktor D ausgedrückt, der nach Lehr[1] mit unserem Wert ψ_3 durch die Beziehung verbunden ist: $D = \dfrac{\psi_3}{4\,\pi}$.

§ 6. Die Dämpfungskraft verhältnisgleich der Geschwindigkeit.
Bei gleitender Reibung ist die Dämpfungskraft mit guter Annähe-

---

[1] Lehr, E.: Schwingungstechnik. Berlin: Julius Springer 1930.

Zahlentafel 1.

k	$\psi_1 = 2\,\delta_1$	$\psi_2 = 2\,\dfrac{\xi_{10}\cdot\xi_{20}}{(\xi_{10}+\xi_{20}):2}$	ψ_3	$\gamma = \dfrac{c\,\xi_0}{K} = \dfrac{2\pi}{\psi_3} = \lambda$
$\sqrt{9\,m\,c}$	imaginär	—	6π	0,33
$\sqrt{4\,m\,c}$	∞	4,0	4π	0,5
$\sqrt{m\,c}$	7,25	3,79	6,28	1,0
$\sqrt{0,1\,m\,c}$	2,01	1,86	1,99	3,16
$0,1\,\sqrt{m\,c}$	0,629	0,625	0,628	10,0
$0,1\,\sqrt{0,1\,m\,c}$	0,199	0,198	0,199	31,6
$0,01\,\sqrt{m\,c}$	0,0628	0,0627	0,0628	100

rung verhältnisgleich der Geschwindigkeit, wenn die Geschwindigkeit nicht zu kleine Werte annimmt. Diese Annahme ist bei Aufstellung der Gl. (8) gemacht worden. In vielen Fällen rührt aber der Hauptanteil der Dämpfung nicht von der gleitenden Reibung, sondern von der Werkstoffdämpfung her, die bei den wechselnden Formänderungen des federnden Gliedes auftritt. Wir behandeln im nachfolgenden die Frage, ob man auch in diesem Falle zu praktisch richtigen Ergebnissen kommen kann, wenn man die Dämpfung verhältnisgleich der Geschwindigkeit setzt, wie wir es im vorausgehenden getan haben.

Die Werkstoffdämpfung ist tatsächlich unabhängig von der Geschwindigkeit. Wenn man z. B. zwei Schwingungsanordnungen hat, die aus zwei gleichen Federn und zwei verschieden großen Schwungmassen bestehen, so hat diejenige mit der größeren Schwungmasse eine niedrigere Eigenschwingungszahl, d. h. sie schwingt bei gleichem Größtausschlag langsamer als die Schwingungsanordnung mit der kleineren Masse. Die Werkstoffdämpfung ist aber in beiden Fällen bei gleichem Größtausschlag vollständig gleich. Wir sehen daraus, daß unsere Annahme, die wir bezüglich der Veränderlichkeit der Werkstoffdämpfung gemacht haben, verfehlt ist, wenn die Schwingungsgeschwindigkeit durch Austausch der Schwungmassen verändert wird.

Wir können aber auch die gleiche Schwingungsanordnung bei ihrer Eigenschwingungszahl etwa durch verschieden große äußere Impulse mit verschiedenen Größtausschlägen ξ_0 erregen und die Veränderung der Werkstoffdämpfung in Abhängigkeit vom Größtausschlag ξ_0 ermitteln. Diese Veränderung hängt von der verhältnismäßigen Werkstoffdämpfung ψ ab. Es gibt Werkstoffe (z. B. Gummi), für die ψ annähernd konstant, d. h. unabhängig vom

Größtausschlag ist. Die aufgespeicherte Formänderungsarbeit ist annähernd verhältnisgleich dem Quadrate des Ausschlags. Die in der Feder umgesetzte Arbeit ist verhältnisgleich Kraft $\times$ Weg. Daraus folgt, daß die Kraft, wenn ψ konstant ist, selbst verhältnisgleich dem Weg ist. Die bei der Aufstellung der Gl. (8) gemachte Annahme — Dämpfung verhältnisgleich mit $\dfrac{d\xi}{dt}$ — trifft also für Werkstoffdämpfung dann zu, wenn sich die Betrachtung nur auf eine ganz bestimmte Schwingungsanordnung bezieht, die durch verschieden große, in Resonanz auftretende Impulse zu verschieden starken Ausschlägen erregt wird, und wenn außerdem die verhältnismäßige Dämpfung dieser Schwingungsanordnung konstant ist[1].

§ 7. **Das Kraftumsetzungsverhältnis γ und das Aufpendelungsverhältnis λ der mit 90° Phasenverschiebung erregten Schwingung.** Man kann eine weitere Größe, das Kraftverhältnis γ angeben, durch das der Größtwert der erregenden Kraft K ins Verhältnis gesetzt wird zur größten Federkraft $P_0 = c\xi_0$. Der Wert von γ gibt an, in welchem Maße man durch Ausnützung der Resonanz die zugeführte Kraft steigern kann. Diese Steigerungsmöglichkeit ist natürlich um so größer, je geringer der Dämpfungsfaktor k ist. Es ist

$$\gamma = \frac{c\,\xi_0}{K} = \frac{\sqrt{c\,m}}{k}\,. \qquad (13)$$

Den Wert von K haben wir aus Gl. (11) entnommen und auf diese Weise Werte für γ erhalten, die in der Zahlentafel in der letzten Spalte eingetragen sind.

Mit $P_{\max} = K$ haben wir, wie im vorausgehenden, die größte Kraft bezeichnet, mit der die Schwingung erregt wird. P_0 ist die Federkraft, die in der äußersten Schwingungslage ausgeübt wird. Wir setzen dabei voraus, daß der Gültigkeitsbereich des Hookeschen Gesetzes für die Formänderungen der Feder nicht überschritten ist, daß also die Formänderungen verhältnisgleich den auftretenden Kräften sind, d. h. $P = c\,\xi$.

Die Schwingungsanordnung (z. B. die Kurbelwelle) wird statisch auf Grund der größten äußeren Kräfte (in unserem Beispiel $P_{\max}$) berechnet. Die größten Beanspruchungen, die im Resonanzbetrieb auftreten, hängen aber bei schwachgedämpfter Schwingung von der größten Federkraft P_0 ab. Der in der letzten Spalte der Zahlentafel 1 enthaltene Wert γ gibt also die Steigerung der Gefährlichkeit der Beanspruchung an, die bei Resonanzbetrieb gegenüber einer statischen Kraft $P_{\max}$ von gleicher Größe auftritt. So-

---

[1] Siehe dazu A. Föppl: Vorlesungen Bd. 4, 8. Aufl. 1933, S. 52.

lange γ kleiner ist als 1, kann der schwingende Teil stets statisch berechnet werden. Wenn aber γ größer wird als 1, muß die dynamische Beanspruchung bei der Festigkeitsberechnung berücksichtigt werden, sofern die erregende Kraft im Tempo der Eigenschwingungszahl auftritt.

In den meisten Fällen wird der schwingende Teil statisch berechnet, und es wird nur ein Zuschlag für eventuelle größere Beanspruchungen bei Schwingungen vorgesehen. Wir wollen annehmen, daß dieser Zuschlag dann genügt, wenn γ nicht größer ist als etwa 3. Besonders wichtig sind aber die schwach gedämpften Schwingungen, bei denen γ größere Werte als 3 annimmt, oder bei denen $k > \sqrt{0{,}1\,c \cdot m}$. Je kleiner k wird, um so größer ist der Gefährlichkeitsbeiwert γ, der bei Resonanzerregungen berücksichtigt werden muß.

Im vorausgehenden haben wir angenommen, daß die schwingungserregende Kraft $K \sin \eta t$ an der Masse m (Abb. 1) angreift. Wir können aber die Schwingung auch dadurch erregen, daß wir den Festpunkt e an der Feder in Abb. 1 im Tempo der Eigenschwingungszahl der Anordnung c, m um den Betrag $\xi_e = \xi_{e_0} \sin \eta t$ hin- und herbewegen. In dieser Weise werden z. B. Resonanzschwingungen bei Resonanzschwingungsdämpfern erregt, deren Einspannung im Tempo der Eigenschwingungszahl des Dämpfers hin- und herbewegt wird. Man stellt in diesem Fall das Aufpendelungsverhältnis λ der Schwingung fest, das gleich ist dem größten Schwingungsausschlag ξ_0 des freien Dämpferendes im Verhältnis zu ξ_{e_0}:

$$\lambda = \frac{\xi_0}{\xi_{e_0}}. \tag{14}$$

Die Aufpendelung ist natürlich um so stärker, d. h. λ um so größer, je geringer die Dämpfung k in der Schwingungsanordnung ist. Man kann λ durch ψ_3 ausdrücken, indem man für $A = \dfrac{c\,\xi_0^2}{2}$ und für $\varDelta A = \pi\,\xi_{e_0}\,c\,\xi_0$ setzt. Es ist demnach

$$\psi_3 = \frac{2\,\pi\,\xi_{e_0}\,c\,\xi_0}{c\,\xi_0^2} = \frac{2\,\pi}{\lambda}. \tag{15}$$

Für ψ_3 können wir aber den Wert aus Gl. (12) entnehmen und erhalten

$$\lambda = \frac{2\,\pi}{\psi_3} = \frac{\sqrt{c\,m}}{\kappa} = \gamma. \tag{16}$$

Das Aufpendelungsverhältnis λ ist bei einer von der Einspannung her erregten gedämpften Resonanzschwingung gleich dem Kraftumsetzungsverhältnis γ.

Es ist also gleichgültig, ob man den Wert ψ_3 oder λ verwendet. Grundsätzlich verschieden ist aber von diesen Werten ψ_1 oder das logarithmische Dekrement δ. Für kleine Werte der Dämpfung gehen die Werte ψ_1 und ψ_3 ineinander über. Um große Werte der Dämpfung angeben zu können, muß man ψ_3 verwenden.

§ 8. Die experimentellen Unterlagen für die Anwendung der vorstehenden Betrachtungen. Wir setzen voraus, daß unsere schwingende Anordnung aus einer Zug-Druck-Feder mit der Kraft $c = \dfrac{c_0}{l_1}$ bestehen soll, die an einem Ende festgehalten ist und am anderen Ende eine Masse m_1 trägt. Die Federkraft c ist der Federlänge l_1 umgekehrt verhältnisgleich. Auf die Masse wirkt einerseits eine Reibungskraft R, die wir nach Gl. (9) verhältnisgleich der Geschwindigkeit annehmen und andererseits eine äußere erregende Kraft K im Tempo η der Eigenschwingungszahl der Anordnung $m_1 c_1$. In Abb. 3 haben wir die Federlänge l_1 durch einen waagerechten Strich und die Masse m durch einen senkrechten Strich dargestellt.

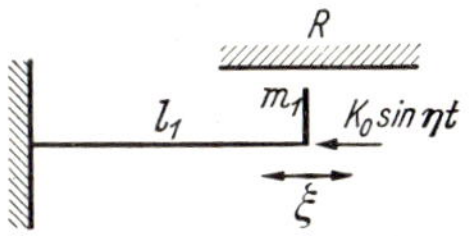

Abb. 3. Durch eine äußere Kraft K erregte Schwingung.

Wir betrachten Beharrungszustand, bei dem in jedem Augenblick die erregende äußere Kraft K gleich der Reibungskraft R ist. Die Reibungskraft $R = k\dfrac{d\xi}{dt}$ ist um $90°$ gegen den Ausschlag $\xi = \xi_0 \cos \eta t$ (mit η = Winkelgeschwindigkeit der Schwingung) phasenversetzt. Es folgt daraus, daß auch die erregende Kraft K um $90°$ gegen ξ versetzt sein muß, oder $K = K_0 \sin \eta t$.

Die beiden äußeren Kräfte R und K heben sich, da sie entgegengesetzt gerichtet sind, gegeneinander heraus und es bleibt nur die Eigenschwingung des ungedämpften, nicht erregten Systems übrig. Da aber der Größtwert der Reibungskraft R mit dem Ausschlag anwächst ($R = -k\xi_0 \sin \eta t$), während der Größtwert der erregenden Kraft K unabhängig vom Ausschlag ξ_0 sein soll, ist dieser Gleichgewichtszustand nur bei einem ganz bestimmten Größtausschlag ξ_0 der Masse möglich. Die Abhängigkeit zwischen beiden Größen ist in § 5 behandelt worden. Für die Anordnung nach Abb. 3 gelten die in Zahlentafel 1 ermittelten Werte streng, wenn wir annehmen, daß die erregende Kraft K im Tempo der Eigenschwingungszahl der ungedämpften Anordnung auftritt oder, daß die Kraft im Beharrungszustand um $90°$ der Bewegung vorauseilt. Der Wert γ in Zahlentafel 1, von dem die Beanspruchung der Feder abhängt, gibt das Verhältnis der größten Federkraft $c \cdot \xi_0$ zur größten erregenden Kraft K_0 an.

Die vorausgehende Betrachtung können wir ohne Einschränkung auf beliebige eingliedrige Schwingungsanordnungen übertragen, die durch Abb. 3 wiedergegeben werden. Wir können uns darunter z. B. einen Motor a mit umlaufender Schwungmasse m vorstellen, der auf einer Trägerkonstruktion b aufgestellt ist, die ihrerseits wieder auf zwei Stützen d_1 und d_2 ruht (Abb. 4). Die Anordnung mb hat eine Eigenschwingungszahl n. Wenn wir den Motor mit dieser Drehzahl umlaufen lassen, so wird eine kleine Unbalanze des Motors und die daraus folgende Zentrifugalkraft verhältnismäßig große Ausschläge ξ der Balkenmitte zur Folge haben. Die Zentrifugalkraft $Z = Z_0 \sin \omega t$ kann aus der Drehzahl n und der Exzentrizität

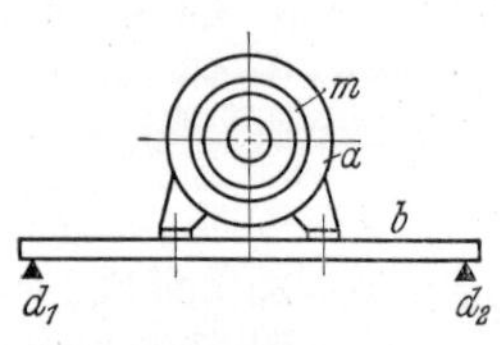

Abb. 4.
Schwingungsanordnung eines Motors a, der auf einem Balken b sitzt.

der umlaufenden Masse berechnet werden. Wenn wir außerdem die elastische Konstante c der Trägerkonstruktion kennen, derart, daß die rückwirkende Balkenkraft P_0 in der äußersten Balkenlage ξ_0 gleich $c \cdot \xi_0$ ist, können wir mit Hilfe von Zahlentafel 1 aus ξ_0 und $Z_0 = K_0$ das Dämpfungsverhältnis ψ_3 berechnen. Der Wert von ψ_3 ist wichtig für die Beurteilung der Frage, ob man im vorliegenden Falle durch einen zusätzlichen Dämpfer wesentliche Abhilfe wird schaffen können und wie groß man den Dämpfer wählen muß.

Die Anordnung nach Abb. 3 hat ferner praktische Bedeutung für ein Pendel, das gedämpfte Schwingungen ausführt und im Tempo der Eigenschwingungszahl erregt wird. Statt der Federlänge l_1 ist die Pendellänge zu verwenden. Wir können uns unter der Abb. 3 auch eine Welle vorstellen, die an einem Ende festgehalten ist und am anderen Ende eine Schwungmasse m_1 trägt (Abb. 5). Statt der erregenden Kraft K tritt ein erregendes Moment auf und statt der Masse ist das Massenträgheitsmoment zu berücksichtigen. Im übrigen bietet dieser Fall keine neuen Gesichtspunkte.

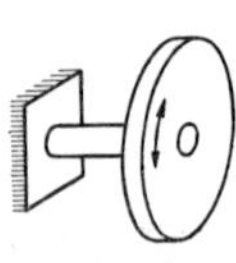

Abb. 5. Drehschwingungsanordnung.

Endlich ist darauf hinzuweisen, daß wir uns auch die äußere Reibung R durch die innere Werkstoffdämpfung ersetzt denken können, die im allgemeinen durch den Verhältniswert ψ_3 gemessen wird. Wenn der Wert von ψ_3 für einen bestimmten Werkstoff bekannt und unabhängig von der Beanspruchung ist (was vielfach zutrifft), dann können wir mit Hilfe der Zahlentafel 1 aus der äußeren Kraft K und dem Wert ψ_3 die größte Federkraft P_0 oder den größten Federausschlag ξ_0 berechnen. Der Übergang von der äußeren Reibung R zur inneren Werkstoffdämpfung in der Feder bereitet also bei eingliedrigen Schwingungsanordnungen keine Schwierigkeiten.

§ 9. Übertragung auf mehrgliedrige Schwingungsanordnungen.

In Abb. 6 ist eine Feder dargestellt, die an beiden Enden Massen m_1 und m_2 trägt. Ohne äußere Erregung und Dämpfung besteht die Eigenschwingung des Systems in einer Pendelung zum und vom Schwerpunkt S, wobei die Masse m_1 einen Ausschlag ξ_1 macht, der im Verhältnis $s_1 : s_2$ größer als ξ_2 ist (Grundzüge, S. 17). Wir nehmen an, daß auf die beiden Massen Reibungskräfte einwirken, die wie im vorigen Beispiel verhältnisgleich den Geschwindigkeiten sein mögen. Die Größe der Reibungskräfte R_1 und R_2 wird einerseits von den Massen m_1 und m_2, andererseits von den zugehörigen Geschwindigkeiten abhängen. Die

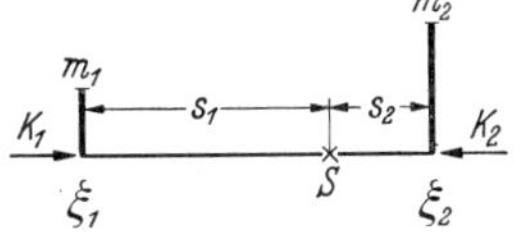

Abb. 6. Schwingungsanordnung von 2 Massen mit zwischenliegender Feder.

Reibungskräfte werden also nicht gleich groß sein, sondern eine Resultierende $R_1 - R_2$ übrig lassen, die im Tempo der Eigenschwingungszahl mit 90° Phasenverschiebung gegenüber den Ausschlägen ihre Größe ändert.

Die Reibungskräfte sollen durch die erregenden äußeren Kräfte K aufgehoben werden. Wir setzen voraus, daß der Schwerpunkt S bei der Bewegung in Ruhe bleibt; dann muß die Resultierende $K_1 - K_2$ der äußeren Kräfte von gleicher Größe und entgegengesetzter Richtung sein wie $R_1 - R_2$. Diese Bedingung kann z. B. dadurch erfüllt sein, daß R_1 und K_1 bzw. R_2 und K_2 einander gleich und entgegengesetzt gerichtet sind. In diesem Fall wird das Schwingungsbild gegenüber der reibungsfreien Schwingung nicht geändert. Der Schwerpunkt S bleibt an der gleichen Stelle wie bei der ungedämpften Schwingung. Wir können die Anordnung an der Stelle S aufschneiden und erhalten zwei eingliedrige Schwingungsanordnungen nach § 8.

Der Gleichgewichtszustand kann aber auch dadurch erreicht werden, daß K_1 und R_1 bzw. K_2 und R_2 von verschiedenen Absolutwerten sind, wenn nur die Summen $R_1 + R_2$ und $K_1 + K_2$ gleiche Absolutwerte haben. In diesem Fall geht Energie von der linken Seite der Schwingungsanordnung auf die rechte über und umgekehrt. Der Knotenpunkt bleibt dabei nicht fest, sondern er verändert während der Schwingung seine Lage. Wir können jetzt nicht mehr die vorausgehenden Betrachtungen auf diesen Fall streng übertragen. Wir werden aber im nachfolgenden die Annahme machen, daß der Knotenpunkt nur wenig wandert und er deshalb in erster Annäherung als ruhend angesehen werden kann. Dieser Fall tritt bei den Schwingungen der Kurbelwelle einer Verbrennungskraftmaschine auf.

Wenn wir statt zwei Massen viele Massen auf der Feder sitzen haben (Abb. 7), so können wir ebenfalls wieder den Schwerpunkt S feststellen und mit Hilfe der Betrachtung in den „Grundzügen", S. 35, den Knotenpunkt S' für die ungedämpfte Schwingung bestimmen. An den verschiedenen Massen werden einerseits Reibungskräfte, andererseits äußere erregende Kräfte im Tempo der Eigenschwingungszahl der Anordnung angreifen. Der Knotenpunkt wird dabei längs der Feder wandern, da Energiemengen von der einen Seite zur anderen hin- und hergehen. Von dieser Wanderung des Knotenpunktes wollen wir im nachfolgenden absehen.

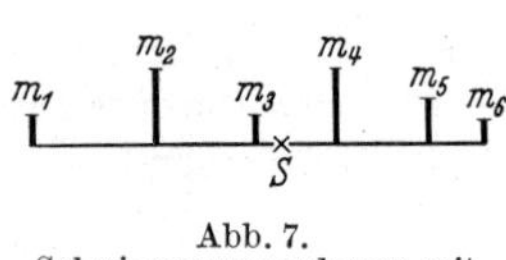

Abb. 7.
Schwingungsanordnung mit
6 Massen.

Um eine eingliedrige Schwingungsanordnung nach Abb. 3 zu erhalten, schneiden wir die gesamte Schwingungsanordnung nach Abb. 7 im Knotenpunkt S auf und betrachten nur den linken Teil. Wir können dann eine reduzierte Masse m_{red} angeben, die zu einer reduzierten Federlänge l_{red} gehört, der Art, daß m_{red} gleich der Summe aller Massen links von S (Abb. 3) und l_{red} gleich $l_1 \cdot \dfrac{m_1}{m_{\mathrm{red}}}$ nach Abb. 3 ist. Die reduzierte Schwingungsanordnung hat dann die gleiche Schwingungsdauer wie Abb. 7.

Wir müssen aber nicht nur die Massen, sondern auch die Kräfte auf die Federlänge l_{red} bringen. Wenn z. B. eine Reibungskraft R an der Masse m_3 (Abb. 7) angreift, so ist sie wegen des geringen Weges, den die Masse bei der Schwingung zurücklegt (die Masse liegt nahe beim Knotenpunkt S), wesentlich weniger wirkungsvoll wie eine Reibungskraft, die etwa an der Masse m_1 angreift. Das kommt daher, daß die umgesetzte Energie verhältnisgleich Kraft mal Weg ist und der Weg der Masse m_1 größer ist als der der Masse m_2. Mit diesem Problem werden wir uns in § 13 befassen.

II. Aufpendelung von Schwingungen, insbesondere von Kurbelwellenschwingungen.

§ 10. Stellung der Aufgabe und ihre Bedeutung. Bei schnelllaufenden Verbrennungskraftmaschinen treten oft Schwingungen im Triebwerk auf, die einerseits die Wellenleitung durch Bruchgefahr in ihrer Haltbarkeit bedrohen und andererseits Störungen etwa bei Generatoren durch Spannungsschwankungen hervorrufen können. Es ist sehr wichtig, diese Schwingungsausschläge durch konstruktive Maßnahmen möglichst zu vermindern.

Man hat schon mit großem Erfolg eine Minderung der Schwingungen dadurch herbeigeführt, daß man die Dämpfung möglichst gesteigert hat. Zu diesem Zweck hat man entweder zusätzliche Schwingungsdämpfer der Anlage beigefügt, die beim Auftreten von Schwingungen einen Teil der zugeführten Energie in Wärme umsetzen, oder man hat die Kurbelwelle und die anschließende Wellenleitung aus dämpfungsfähigem Stahl hergestellt, der durch Werkstoffdämpfung das zu starke Aufpendeln der Schwingungen bei Resonanzerregung verhindert.

Den zweiten möglichen Weg zur Verhinderung von großen Schwingungsausschlägen, nämlich die Beschränkung der Schwingungserregung, hat man aber noch nicht grundsätzlich untersucht. Es wird zwar bei Viertakt-Dieselmaschinen vielfach die Zündfolge in den einzelnen Zylindern durch Versuche so abgestimmt, daß die Schwingungsausschläge möglichst klein werden — soviel ich weiß, ist die Zündregelung auf Grund dieser Versuchsdurchführung den Vulkanwerken durch DRP. geschützt. Man hat aber noch nicht grundsätzlich die Frage untersucht, wie weit man durch konstruktive Maßnahmen ein zu starkes Aufpendeln der Schwingungen, d. h. eine zu starke Impulsübertragung auf die Kurbelwelle verhindern kann. Mit dieser Frage haben wir uns im nachfolgenden zu beschäftigen.

§ 11. Zusammenhang zwischen Grad der Schwingungserregung und Größe des Schwingungsausschlags. Es ist eine bekannte Tatsache, daß bei Verbrennungskraftmaschinen die Schwingungserregung im Tempo der Eigenschwingungszahl 1. Grades im allgemeinen am gefährlichsten ist. Es folgt dann die Erregung der Schwingung im Tempo der Eigenschwingungszahl 2. Grades usw. Gewöhnlich ist schon die Schwingungserregung 3. Grades so ungefährlich, daß man auf sie keine Rücksicht mehr bei der Konstruktion der Maschine zu nehmen hat. Worauf ist diese verschiedene Gefährlichkeit zurückzuführen?

Die Schwingung vom höheren Grad erfolgt im rascheren Tempo. Man wird vielleicht zuerst versuchen, die verschiedene Gefährlichkeit der Erregung durch das Zeitmaß zu erklären und den Grundsatz aufzustellen, daß eine Schwingungserregung im allgemeinen um so geringere Ausschläge liefern würde, je höher die Eigenschwingungszahl liegt. Eine solche Annahme wäre verfehlt. Wenn wir eine langsam laufende Maschine mit großen Schwungmassen und eine rasch laufende mit kleinen Schwungmassen miteinander vergleichen, so stellen wir fest, daß die Eigenschwingungszahl

1. Grades der ersteren weit niedriger ist als die Eigenschwingungszahl 1. Grades der letzteren. Trotzdem machen beide Maschinen, wenn sie durch Impulse im Tempo der Eigenschwingungszahl 1. Grades erregt werden, gleich gefährliche Schwingungsausschläge. Es ist also nicht das rasche Tempo an sich, durch das die Gefahr von besonders großen Schwingungsausschlägen heruntergesetzt wird, sondern nur die verschieden raschen Zeitmaße der Resonanzerregungen an der g l e i c h e n Maschine bei den verschiedenen Eigenschwingungszahlen. Bei der langsam laufenden Maschine kann z. B. die Eigenschwingungszahl 2. Grades viel niedriger liegen als die Eigenschwingungszahl 1. Grades bei der rasch laufenden Maschine und trotzdem ist im allgemeinen die erstere ungefährlicher als die letztere.

Der Grund für dieses Verhalten, das im nachfolgenden noch ausführlich erklärt werden wird, liegt in folgender Tatsache begründet: Die Maschinen werden einerseits durch die Kolbenkräfte verschieden stark erregt, anderseits haben sie eine innere Dämpfung, die das Anwachsen von zu großen Schwingungsausschlägen verhindert. Die innere Dämpfung wollen wir als eine gegebene Größe ansehen. Die äußere Schwingungserregung hängt dagegen ab von den erregenden Kräften mal den in Richtung der Kräfte zurückgelegten Wegen. Die erregenden Kräfte sind durch die Kolbendrücke gegeben. Die Wege aber hängen von den Schwingungsausschlägen ab. Sie sind im allgemeinen um so größer, je weiter der zum erregenden Kolben zugehörige Kurbelzapfen vom nächsten Schwingungsknotenpunkt entfernt ist. Die Schwingung 2. Grades ist d e s h a l b im allgemeinen weniger gefährlich als die Schwingung 1. Grades, weil bei der Schwingung 2. Grades mit größerer Wahrscheinlichkeit ein Schwingungsknoten in der Nähe eines erregenden Kolbens liegen wird als bei der Schwingung 1. Grades. Bei einer raschlaufenden Maschine wird aber der Schwingungsknoten im allgemeinen ebensoweit von den erregenden Kolben entfernt sein, wie der Schwingungsknoten bei einer langsam laufenden Maschine der gleichen Art. Deshalb liegt hierfür gleiche Bruchgefahr vor.

§ 12. Betrachtung an einer Schwingungsanordnung mit zwei Massen und zwischenliegender Feder. Im nachfolgenden sollen Erklärungen und Rechnungsunterlagen an einem möglichst einfachen Beispiel gegeben werden. Auf die Zeit, in der sich der Schwingungsvorgang abspielt, kommt es dabei nicht an. Bei der Anordnung in Abb. 8 sind zwei Massen m_1 und m_2 auf eine Feder c gesetzt; sie können in Richtung der Federachse geradlinige Schwingungen ausführen. Wir nehmen an, daß eine periodische Kraft $P = P_0 \cos \nu t$ im Tempo der Eigenschwingungszahl n dieser Anordnung an m_1

angreift. Dadurch, daß wir die Massen m bei gleicher Feder c im gleichen Verhältnis vergrößern, können wir die Eigenschwingungszahl n erniedrigen. Die Feder c wird, wenn die Kraft P stets im Tempo der Eigenschwingungszahl ausgeübt wird, unabhängig von der Größe der Massen m gleich stark beansprucht, da es nicht auf die Geschwindigkeit der Schwingung, sondern nur auf die Größe der Erregerkraft P, den in Richtung dieser Kraft zurückgelegten Weg ζ und die Dämpfung ψ ankommt.

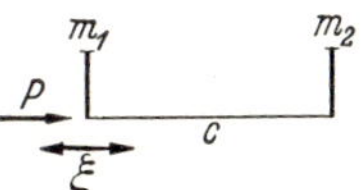

Abb. 8. Von m_1 her erregte Schwingungsanordnung.

Wir können eine ähnliche Anordnung mit der gleichen Feder c und einer beliebigen Eigenschwingungszahl n dadurch erhalten (Abb. 9), daß wir auf das eine Ende der Feder eine Masse m_1 setzen, die viel größer ist als die auf dem anderen Ende sitzende Masse m_2. Auch diese Anordnung hat eine bestimmte Eigenschwingungszahl. Wir können Resonanzschwingungen durch eine periodische Kraft P erregen, die im Tempo dieser Eigenschwingungszahl wirkt. Die Kraft P kann einmal an der Masse m_1 und das andere Mal an der Masse m_2 angreifen. Bei gleicher Größe der Kraft P ist die Erregung an der Masse m_2 viel gefährlicher als die Erregung an der Masse m_1, weil m_2 bei der Resonanzschwingung viel größere Ausschläge macht als m_1. Wenn dagegen der Erregungsausschlag ξ vorgeschrieben ist, ist die erzwungene

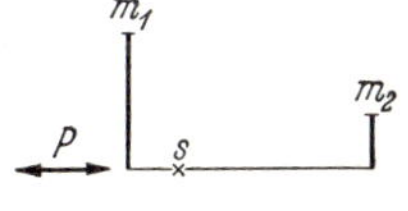

Abb. 9. Schwingungsanordnung mit verschieden großen Massen.

Bewegung der Masse m_1 im Tempo der Eigenschwingungszahl viel gefährlicher als die erzwungene Bewegung der Masse m_2.

Wir nehmen z. B. an, die Masse m_1 sei dreimal so groß wie die Masse m_2. Bei gleicher Federbeanspruchung macht deshalb die Masse m_2 dreimal so große Schwingungsausschläge wie die Masse m_1. Wir setzen ferner voraus, daß die Dämpfung der Schwingung nur gering sei. Wir erhalten größte Schwingungsausschläge, wenn die periodische Kraft P in ihrer Periode um angenähert $90°$ der Schwingungsbewegung vorauseilt. Wenn die periodische Kraft P an der großen Masse m_1 angreift, wird die Schwingung viel weniger aufgeschaukelt, als wenn sie an der kleineren Masse m_2 angreift. Es ist einerseits eine geringere Wirkung deshalb zu erwarten, weil die Masse m_1 bei gleicher Federbeanspruchung nur ein Drittel so große Wege ausführt wie die Masse m_2. Andererseits wird die Schwingungsbewegung nicht so stark aufgeschaukelt, so daß die Feder weniger stark beansprucht wird oder weniger Schwingungsenergie in dem System vorhanden ist. Die Schwingungsausschläge werden also bei einem Angriff der periodischen Kraft P an der Masse m_1 beträchtlich geringer als ein Drittel von den Schwingungsausschlägen sein, die beim Angriff der gleichen Kraft P an der Masse m_2 zu erwarten sind.

Bei der Eigenschwingung der Anordnung nach Abb. 9 tritt an der Stelle s, die im Schwingungsschwerpunkt der beiden Massen liegt, ein Knotenpunkt auf der Feder auf. An dieser Stelle macht die Feder also bei der Eigenschwingung überhaupt keine Bewegungen. Man erhält die geringste Schwingungserregung, wenn man die periodische Kraft P an s angreifen läßt, da dann trotz Resonanzerregung keine Schwingung aufgeschaukelt werden kann. Natürlich macht die gesamte Anordnung auch beim Angriff der Kraft P an der Stelle s Bewegungen, die ähnlich verlaufen, wie wenn die beiden Massen im Schwerpunkt s vereinigt wären. Es tritt aber keine ausgezeichnete Resonanzerregung mehr auf, die der Eigenschwingungszahl der Anordnung $m_1 c m_2$ zugeordnet wäre.

Bei einer Erregerzahl, die unter oder über der Eigenschwingungszahl der Anordnung $m_1 c m_2$ liegt, wird eine neue Schwingungsbewegung zu beobachten sein, bei der die erregende Kraft P in zwei Vektorkomponenten zerlegt ist. Von diesen tritt der eine Vektor in Richtung der Bewegung auf und wirkt dadurch als Ersatz für eine Masse, während der andere Vektor um $90°$ gegen die Schwerpunktsbewegung versetzt ist und die durch Dämpfung verlorene Schwingungsenergie dauernd nachliefert.

§ 13. Kraftaufpendelung und Wegaufpendelung bei Resonanzerregung. Die vorausgehenden Betrachtungen lehren, daß man bei der Resonanzerregung von Schwingungen zwei grundsätzlich voneinander verschiedene Fälle unterscheiden kann.

Entweder ist eine periodische Kraft $P = P_0 \cos \nu t$ von bestimmtem Größtwert P_0 gegeben, deren Periode mit der Eigenschwingungszahl des erregten Systems zusammenfällt; dann haben wir Kraftresonanz. Dieser Fall tritt z. B. mit sehr weitgehender Annäherung auf bei den Kurbelwellen der Dieselmaschinen, die durch die Verbrennungsdrücke in den Zylindern zu Schwingungen erregt werden.

Oder die Erregerkraft wirkt im Tempo der Eigenschwingungszahl auf einen ganz bestimmten Weg. Das trifft z. B. dann zu, wenn Gebäude durch Erdbebenwellen besonders stark beschädigt werden, die im Tempo der Eigenschwingungszahl des Gebäudes auftreten. Wegaufpendelung bei Resonanz liegt ferner bei Resonanzschwingungsdämpfern vor, die auf das Ende der Kurbelwelle gesetzt werden und die im Tempo ihrer Eigenschwingungszahl auf kleinen Weg erregt werden und deshalb große Kräfte auslösen.

Bei Kraftaufpendelung kann man durch verhältnismäßig kleine Kräfte große Kraftwirkungen in dem erregten System erzeugen. Das Aufpendelungsverhältnis der Kraft ist in § 7 mit γ bezeichnet. Bei der Wegaufpendelung dagegen wird der Weg entsprechend stark im Verhältnis λ aufgependelt, während die bei der Resonanzschwingung auftretenden Kräfte höchstens gleich der äußeren erregenden Kraft sein können. Bei gleicher Systemdämpfung ψ ist:

$$\lambda = \gamma = \frac{2\,\pi}{\psi}\,.$$

In vielen Fällen wird natürlich Kraftresonanz und Wegresonanz gleichzeitig auftreten. Das ist namentlich dann der Fall, wenn die erregende Kraft bei Kraftresonanz mit der Größe des Schwingungsausschlags abnimmt. Von dieser Erscheinung sehen wir im nachfolgenden ab.

Den Unterschied der beiden Erregungsarten ersieht man an den einfachen Beispielen Abb. 10 u. 11. In beiden Abbildungen ist eine Feder c gegeben, die an ihrem linken Ende festgehalten ist und am rechten Ende die Masse m trägt. In Abb. 10 greift die erregende Kraft P im Tempo der Eigenschwingungszahl an der Masse m an. Bei entsprechend geringer Dämpfung ist die in der Feder c wirkende Kraft $c\xi$ vielfach so groß wie P (vielleicht $\gamma = 10$). Wir haben

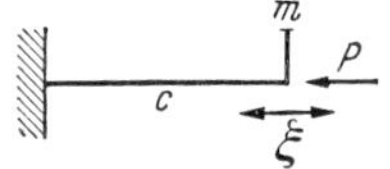

Abb. 10.
Von m her erregte
Schwingungsanordnung.

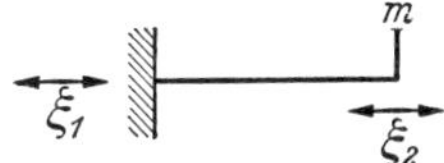

Abb. 11. Von der
Einspannung her erregte
Schwingungsanordnung.

Kraftaufpendelung. Es ist dabei vorausgesetzt, daß der Größtwert der erregenden Kraft P gegeben ist und daß der Weg ξ, auf den die Kraft wirkt, beliebig groß sein kann.

In Abb. 11 wird der linke Endpunkt der Feder um den Betrag ξ_1 durch eine periodische Kraft P hin- und herbewegt. Die in der Feder c auftretende größte Kraft $c\xi_2$ ist nicht größer als die Erregerkraft P. Aber der Weg ξ_2, den die Masse m ausführt, ist ein Vielfaches von der Erregerbewegung ξ_1. Bei entsprechend kleiner Dämpfung kann das Wegaufpendelungsverhältnis λ z. B. gleich 10 sein. Hier ist also der Größtweg der erregenden Kraft gegeben, während die Größe der Erregerkraft um so stärker ist, je stärker aufgependelt wird.

Wenn kritische Resonanzerregungen auftreten, muß man zuerst feststellen, ob die Gefahr der Kraftaufpendelung oder der Wegaufpendelung vorliegt. Wenn eine erregende Kraft von gegebener Größe auftritt, dann muß man, um kleine Resonanzerregungen zu erhalten, dafür sorgen, daß die Kraft möglichst wenig vom

Knotenpunkt der Schwingung entfernt liegt. Wenn dagegen ein Federpunkt einen bestimmten Weg erzwungenerweise ausführt, dann erhält man keine gefährliche Aufpendelung einer Schwingung, wenn dieser Weg möglichst im Schwingungsbauch liegt, also bei der Anordnung nach Abb. 10 mit der Masse m zusammenfällt. Eine im Tempo der Eigenschwingungszahl auftretende **Erregerkraft von gegebener Größe** ist also nur gefährlich, wenn sie an der schwingenden Masse angreift, während eine **Erregerkraft von gegebenem Wirkungsweg** nur gefährlich ist, wenn die Kraft in der Nähe des Knotenpunktes angreift.

§ 14. Die Erregung von Kurbelwellenschwingungen. Einzylinder-Maschine mit Schwungrad. Die nachfolgende Betrachtung bezieht sich nicht auf geradlinige Schwingungen, sondern auf Drehschwingungen. Im Sinne der Ausführungen von O. Föppl[1] gehorchen aber Drehschwingungen den gleichen Gesetzen wie geradlinige Schwingungen. Wir ersetzen deshalb im nachfolgenden die Wellen durch Federn, die wir durch Längsstriche und die Schwungmassen J durch Massen m, die wir durch senkrechte Striche darstellen. Wir stellen uns die nachfolgend behandelten Schwingungsanordnungen als geradlinige Schwingungsanordnungen dar und übertragen die Ergebnisse sofort auf Drehschwingungen. Bei diesen Übertragungen ändern sich die Dimensionen, indem aus $\left[\text{kg}\,\dfrac{\sec^2}{\text{cm}}\right]$ der Massen m [kg cm sec²] der Trägheitsmomente J und aus [kg] der Rückstellkräfte c_0 [kg cm²] werden.

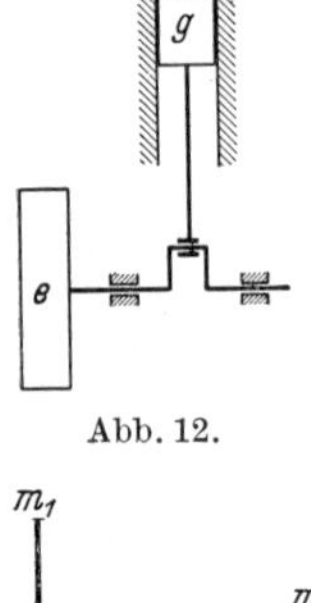

Abb. 12.

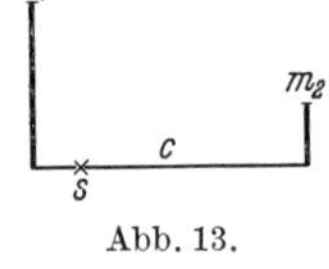

Abb. 13.

Abb. 12 und 13.
Einzylindermotor mit Schwungrad.

Bei der Anordnung nach Abb. 12 wirkt der Kolben g auf die Schwungmasse e. Wir können die Anordnung durch das schematische Bild (Abb. 13) darstellen, in der m_1 die große Masse des Schwungrades e und m_2 die kleine auf den Kurbelwellenzapfen bezogene Masse des Kolbens g ist. Die Masse m_1 mag 100 mal so groß sein wie die Masse m_2, so daß wir in erster Annäherung m_2 vernachlässigen können. $m_1\,c$ hat mit festgehaltenem rechten Federende eine bestimmte Eigenschwingungszahl. Wenn die Erregung im Tempo dieser Eigenschwingungszahl am rechten Federende, also an der Masse m_2 angreift, sind nach § 13 keine großen Ausschläge zu erwarten, da die erregende Kraft P in ihrer Größe gegeben ist

---

[1] Föppl, O.: Grundzüge der Technischen Schwingungslehre, 1931, S. 7.

(Kraftaufpendelung) und die Erregung am Knotenpunkt der Schwingung angreift.

Wenn wir m_2 berücksichtigen, dann hat die Anordnung $m_1\,c\,m_2$ eine Eigenschwingung, bei der der Knotenpunkt s in der Nähe der Masse m_1 liegt. Die Eigenschwingungszahl dieser Anordnung ist viel höher als die vorher genannte Eigenschwingungszahl. Sie wird in vielen Fällen so hoch liegen, daß die harmonischen Erregungen nach dem Drehkraftdiagramm innerhalb des Betriebsdrehzahlbereichs nur sehr gering sind. Bei sehr rasch laufenden Maschinen kann aber auch der Fall eintreten, daß die Erregungen im Tempo dieser hohen Eigenschwingungszahlen erfolgen. Dann schaukeln sich die Schwingungen sehr stark auf, weil die Angriffsstelle der Kraft bei Kraftaufpendelung dort liegt, wo die größten Schwingungsausschläge auftreten. Für die Anordnung nach Abb. 13 kann also nur die sehr hohe Eigenschwingungszahl der Anordnung $m_1\,c\,m_2$ mit dem Knotenpunkt s unter Umständen gefährlich werden.

§ 15. Einzylindermaschine mit symmetrisch auf beiden Seiten angeordneten Schwungrädern. Bei der Anordnung nach Abb. 14 u. 15 liegt bei der Eigenschwingungszahl 1. Grades der Knotenpunkt k_1 aus Symmetriegründen in der Mitte der Anlage, also auf der Kurbel. Die erregende Kraft P (Abb 15) greift an der Masse m_2, also im Knotenpunkt der Schwingung 1. Grades an. Da Kraftaufpendelung in Frage kommt, ist diese Resonanzschwingungserregung nur mit geringen Ausschlägen verbunden. Die Drehzahl der Maschine kann also ohne Schaden in die Nähe der Eigenschwingungszahl 1. Grades der Maschine gelegt werden.

Bei der Schwingung 2. Grades liegen die Knotenpunkte k_{21} und k_{22} in der Nähe der Schwungmassen m_1 und m_3, die den geteilten

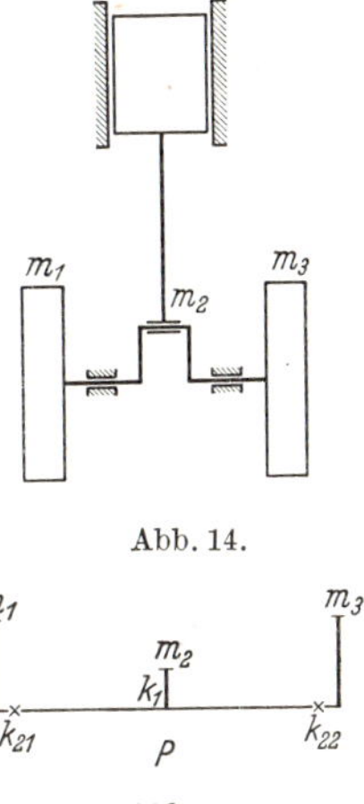

Abb. 14.

Abb. 15.

Abb. 14 u. 15. Einzylindermaschine mit symmetrisch angeordneten Schwungmassen.

Schwungrädern entsprechen. Die Masse m_2 macht hierbei große Ausschläge. Eine Erregung im Tempo der Eigenschwingungszahl 2. Grades ist sehr gefährlich, da die Erregerkraft P am Schwingungsbauch angreift (Kraftaufpendelung). Im allgemeinen wird diese Eigenschwingungszahl wegen der Kleinheit der Masse m_2 allerdings so hoch liegen, daß bei einer Verbrennungskraftmaschine dieser Art nur geringe Erregerimpulse in dem entsprechenden Tempo bei den üblichen Betriebsdrehzahlen auftreten werden.

Wenn die Maschine aber sehr rasch läuft und wenn m_2 verhältnismäßig groß ausgeführt ist, dann können gefährlich große Schwingungen 2. Grades aufgeschaukelt werden.

§ 16. Die Mehrzylindermaschine. Wir können die im vorausgehenden entwickelten Grundsätze auf eine Mehrzylindermaschine anwenden. Um geringe Schwingungsausschläge zu erhalten, müssen wir dafür sorgen, daß die Schwingungsausschläge der erregenden Kurbeln möglichst klein sind, d. h. daß der oder die Schwingungsknotenpunkte möglichst nahe den Kurbeln liegen.

Bei einer Mehrzylindermaschine hängt die gesamte Schwingungserregung von der Summe der Erregungen in den einzelnen Zylindern ab, wobei einige Getriebe durch die periodisch auftretenden Kolbenkräfte nach der einen Richtung, andere nach der entgegengesetzten Richtung wirken werden. Diese Wirkungen heben sich zum Teil gegeneinander heraus. Man kann die Zündfolge in den einzelnen Zylindern verschieden wählen (bei einer fertigen 6-Zylinder-Viertakt-Maschine gibt es z. B. vier verschiedene Möglichkeiten). Man wird diejenige Zündfolge vorsehen, die die geringsten Schwingungsausschläge hervorruft. Um die Zündfolge kümmern wir uns im nachfolgenden nicht. Wir suchen diejenige Anordnung zu bestimmen, bei der die Schwingungen am wenigsten aufgeschaukelt würden, wenn die Wirkungen in sämtlichen Zylindern sich addieren, d. h. alle Impulse schwingungsanregend wirken würden. Wenn man die günstigste Anordnung mit dieser Voraussetzung herausgesucht hat, wird man nachträglich für diese Anordnung die verschiedenen Zündmöglichkeiten für Viertakt-Maschinen behandeln und auch von diesen die günstigste auswählen.

Wir können für eine bestimmte Anordnung die elastische Schwingungslinie 1. Grades der Kurbelwelle angeben. Wir legen für jede Schwingungslinie die gleiche Schwingungsenergie A zugrunde, die in der äußersten Schwingungslage als Formänderungsenergie in der Wellenleitung aufgespeichert ist. Für einen bestimmten Wert von A können wir den Ausschlag ξ jeder Kurbel berechnen. Die Summe Z_1 der Ausschläge aller Kurbeln ist ein Maß für die Schwingungsgefährlichkeit der Anordnung bei der Schwingung 1. Grades. Wir müssen uns bemühen, diese Summe möglichst niedrig zu halten. Das kann dadurch geschehen, daß wir den Knotenpunkt möglichst nach der mittleren Kurbel zu verlegen.

Die gleiche Rechnung kann man auch für die Schwingungsformen vom höheren Grade durchführen. Man erhält dann z. B. für den Wert Z_2 der Schwingung 2. Grades einen Wert, der im allgemeinen wesentlich kleiner ist als Z_1, weil die Schwingungsausschläge der Kurbeln bei der Schwingung 2. Grades und gleicher Schwingungsenergie in der Kurbelwelle gewöhnlich kleiner sind als bei der Schwingung 1. Grades.

Eine Schwingungserregung ist um so ungefährlicher, je geringer einerseits der Wert Z ist und je kleiner andererseits die kritischen Impulsgrößen sind, die im Tempo der betreffenden Eigenschwingungszahl auftreten. Im allgemeinen nehmen sowohl die Impulsgrößen als auch die Zahl Z mit steigender Ordnungsnummer der Eigenschwingungszahlen ab.

Wenn einerseits die Größe der harmonischen Impulse gegeben und anderseits die verhältnismäßige Dämpfung der Kurbelwelle bekannt ist (nähere Angaben darüber hat J. Geiger[1] gemacht), dann kann man mit Hilfe der Größe Z die größten Schwingungsausschläge der Kurbelwelle berechnen, die im Betriebe dann auftreten würden, wenn sich die Impulse in den einzelnen Zylindern addieren würden. Im allgemeinen sind aber die beiden vorgenannten Größen nicht bekannt, so daß man die größten Ausschläge durch den Versuch bestimmen muß. Man kann aber mit Hilfe der vorausgehenden Betrachtung die gesamte Wellenanlage so in ihren Abmessungen festlegen, daß die berechenbaren Größtausschläge möglichst geringe Werte haben, indem man durch konstruktive Maßnahmen dafür sorgt, daß der Wert Z insbesondere für die Schwingungen 1. Grades möglichst klein ist. Durch entsprechende Massenverteilung kann man z. B. erreichen, daß die Schwingung 2. Grades gerade so gefährlich oder sogar gefährlicher wird als die Schwingung 1. Grades. Welche Veränderungen an einer praktischen Anlage vorgenommen werden können und welche Wirkungen die Veränderungen haben, soll an einem Beispiel erklärt werden.

§ 17. Sechszylindrige Viertakt-Dieselmaschine von 400 PS Leistung, 400 mm Zylinder-Durchmesser, 440 mm Hub und 310 1/min Umdrehungszahl als Beispiel. Dem Verfasser war die Aufgabe gestellt worden, eine Dieselmaschine in schwingungstechnischer Hinsicht zu begutachten. Die Schwingungsanordnung ist durch Abb. 16 gekennzeichnet, wobei die angegebenen Wellenlängen auf einen Kurbelzapfen von 16,0 cm Durchmesser reduziert sind. Die Reduktion wird in bekannter Weise[2] nach der Gleichung $l_{red} = l \dfrac{J}{J_{red}}$ vorgenommen, wobei l und J die Längen und Trägheitsmomente

---

[1] Geiger, J.: Forschungshefte des Gutehoffnungskonzerns 1934.

[2] Föppl, O.: Grundzüge der Technischen Schwingungslehre, 1931, S. 35.

der Wellenstücke und J_red das Trägheitsmoment des Bezugswellenstücks (von 160 mm $\varnothing$) ist.

In der Abb. 16 kommen von links zuerst die sechs Getriebe, die auf den Kurbelradius bezogen und je mit ihrer halben Masse eingesetzt sind. Die Reduktion der Kurbelkröpfung ist von Geiger[1] beschrieben worden. Es folgt das Schwungrad m_7, dann der Dynamoanker m_8 und endlich an einem dünnen Verlängerungsstück der Kurbelwelle die rotierende Masse m_9 der Erregermaschine. Die Eigenschwingungszahl 1. Grades für diese Anordnung beträgt 1730 1/min, die 2. Grades 2250 1/min. Der Knotenpunkt k_1 für die Schwingung 1. Grades liegt zwischen den Massen m_7 und m_8. Die

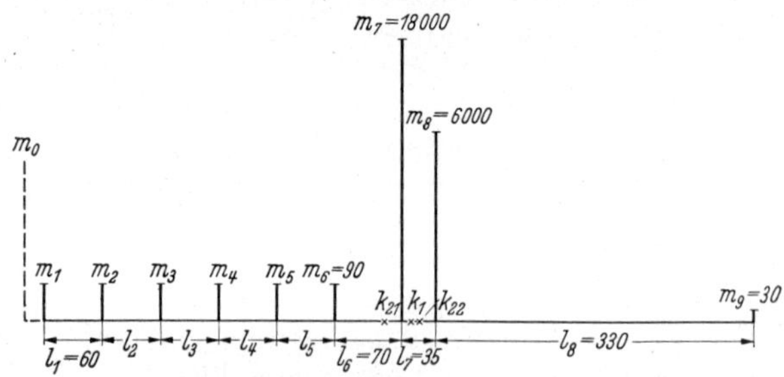

Abb. 16. Auf gleichen Wellendurchmesser reduzierte Wellenanordnung einer 400 PS-Dieselmaschine.

beiden Knotenpunkte k_{21} und k_{22} der Schwingung 2. Grades liegen zwischen den Massen 5 und 6 und zwischen 7 und 8.

Bei dieser Schwingungsanordnung ist besonders ungünstig, daß die nächsten Knotenpunkte so weit von den mittleren Zylindern mit den Massen m_3 und m_4 abliegen. Man wird im allgemeinen günstigere Werte für die Zahl Z erhalten, wenn man die Knotenpunkte k_1 und k_{21} nach links verschiebt. Das könnte man entweder dadurch erreichen, daß man den rechten Teil der Wellenanlage steifer oder den linken Teil elastischer ausführt. Die erstere Maßnahme ist insofern vorteilhafter, als dadurch gleichzeitig die Eigenschwingungszahl der Anlage erhöht und die Gefahr von großen harmonischen Impulsen verringert wird.

§ 18. Versteifung des rechten Teils der Schwingungsanordnung. Den rechten Teil der Schwingungsanordnung kann man ohne konstruktive Schwierigkeiten dadurch versteifen, daß man das Wellenstück l_7 steifer ausführt, d. h. ihm einen größeren Durchmesser gibt.

---

[1] Geiger, J.: Mechanische Schwingungen, 1927, S. 165. Siehe auch O. Föppl: Grundzüge, S. 36.

Wir haben in den nachfolgenden Zahlentafeln drei Fälle (α, β, γ) für verschiedene Durchmesser d_7 durchgerechnet. Der Fall α bezieht sich auf den ursprünglich vorgesehenen Wellendurchmesser d_7

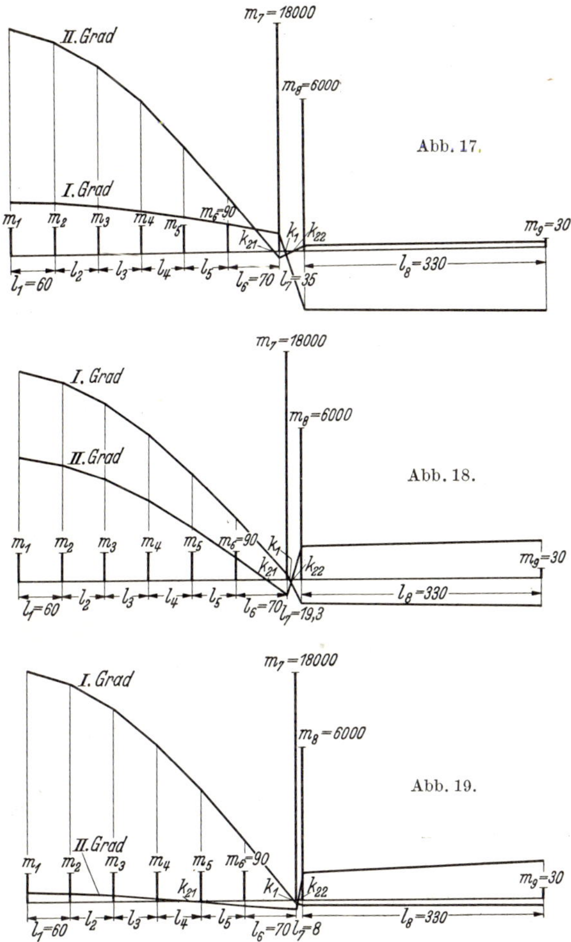

Abb. 17—19. Schwingungselastische Linien 1. und 2. Grades für Anordnungen mit verschiedenen reduzierten Wellenlängen l_7.

von 20,0 cm, dem eine reduzierte Wellenlänge l_7 von 35 cm entspricht, wenn wir das Wellenstück l_7 auf den Durchmesser 16,0 cm der Kurbelzapfen beziehen. d_7 ist also der wirkliche Durchmesser, während l_7 der auf 16,0 cm reduzierte Durchmesser des Wellenstücks l_7 ist. Im Falle β ist $d_7 = 23,2$ cm, dem eine reduzierte Länge $1_7 = 19,3$ cm zugehört. Im Falle γ endlich ist $d_7 = 29,0$ cm mit zugehörender reduzierter Länge $1_7 = 8,0$ cm. Die reduzierten Wellenlängen sind in den Abb. 17—19 eingetragen, aus denen auch

Zahlen-

$\begin{matrix}B\\ \text{kg sec}^2\end{matrix}$	l_{11}	l_{12}	m_{21}	m_{22}	l_{22}	l_{23}	m_{32}	m_{33}
Fall α								
160 000	+1778	—1718	— 93,2	+183,2	+875	—815	—196,5	+286,5
94 200	+1045	— 985	— 95,5	+185,5	+507	—477	—210	+300
Fall β								
100 000	+1110	—1050	— 95,3	+185,3	+540	—480	—208	+298
85 000	+ 945	— 885	— 96,1	+186,1	+456	—396	—214	+304
Fall γ								
96 000	+1067	—1007	— 95,3	+185,3	+518	—458	—210	+300
36 200	+ 403	—343	—105,5	+195,5	+185,2	—125,2	—290	+380

Zahlentafel 2.

$\begin{matrix}B\\ \text{kg sec}^2\end{matrix}$	l_{55}	l_{56}	m_{65}	m_{66}	l_{66}	l_{67}
Fall α						
160 000	+278	—218	— 733	+ 823	+194	—124
94 200	+125,8	— 65,8	—1430	+1520	+ 62,8	+ 7,2
Fall β						
100 000	+141,2	— 81,2	—1232	+1322	+ 75,7	— 5,7
85 000	+104,8	— 44,8	—1895	+1985	+ 42,8	+ 27,2
Fall γ						
96 000	+130,8	— 70,8	—1350	+1440	+ 66,8	+ 3,2
36 200	—29,6	+ 89,6	+ 404	— 314	—115,5	+185,5

An den unterstrichenen Stellen liegt ein Knotenpunkt auf dem Wellen-

die Schwingungsausschläge der einzelnen Massen bei den Schwingungen 1. u. 2. Grades zu ersehen sind.

In Zahlentafel 2 ist die Unterteilung der gesamten Schwingungsanordnung einmal für die ursprünglich vorgesehene Anordnung (α) mit der reduzierten Wellenlänge $1_7 = 35$ cm, dann für die Anordnung β mit $1_7 = 19,3$ cm und dann für die Anordnung γ mit $1_7 = 8,0$ cm angegeben (s. „Grundzüge" S. 34). Es ist sowohl die Schwingung 1. Grades, bei der ein Knotenpunkt auf der Welle auftritt, als auch die Schwingung 2. Grades mit zwei sichtbaren Knotenpunkten für jede der drei Fälle ausgerechnet worden. Die

Unterteilungen mit sichtbaren Knotenpunkten sind in der Zahlentafel 2 unterstrichen. Sie sind dadurch vor den ideellen Knotenpunkten ausgezeichnet, daß das Wellenstück an dieser Stelle in zwei positive Teilstücke unterteilt wird, während die Wellenstücke

tafel 2.

l_{33}	l_{34}	m_{43}	m_{44}	l_{44}	l_{45}	m_{54}	m_{55}
$+558$	-498	-320	$+410$	$+390$	-330	-484	$+574$
$+312$	-252	-372	$+462$	$+203$	-143	-657	$+747$
$+336$	-276	-362	$+452$	$+221$	-161	-619	$+709$
$+279$	-219	-388	$+478$	$+178$	-118	-722	$+812$
$+320$	-260	-369	$+459$	$+209$	-149	-644	$+734$
$+95,3$	$-35,3$	-1026	$+1116$	$+32,4$	$+27,6$	$+1315$	-1225

(Fortsetzung.)

m_{76}	m_{77}	l_{77}	l_{78}	m_{87}	m_{88}	l_{88}	l_{89}	
-1300	$+19\,300$	$+8,3$	$+26,7$	$+6032$	-32	-5000	$+5330$	α_1
$+13\,100$	$+4\,900$	$+19,4$	$+15,6$	$+6034$	-34	-2800	$+3130$	α_2
$-17\,500$	$+35\,500$	$+2,8$	$+16,5$	$+6033$	-33	-3300	$+3330$	β_1
$+3100$	$+14\,900$	$+5,81$	$+13,5$	$+6034$	-34	-2500	$+2830$	β_2
$+30\,200$	$-12\,200$	$-7,9$	$+15,9$	$+6033$	-33	-2870	$+3200$	γ_1
$+200$	$+17\,800$	$+2,03$	$+5,97$	$+6041$	-41	-880	$+1210$	γ_2

stück.

bei ideellen Knotenpunkten in ein positives und ein negatives Stück unterteilt werden. Die Größe B in der ersten Spalte der Zahlentafel hat für geradlinige Schwingungen die Dimension kgsec² und für Drehschwingungen kgcm²sec². Mit Hilfe dieser Größe kann man sofort die zugehörige Eigenschwingungszahl n der Maschine angeben[1].

$$n = \frac{30}{\pi}\sqrt{\frac{c_0}{B}}. \tag{17}$$

---

[1] Föppl, O.: Grundzüge der Technischen Schwingungslehre, § 11.

Die elastische Federkonstante c_0 in der Gleichung folgt für einen reduzierten Wellendurchmesser von 16 cm ($J_p = 6430$ cm^4) und einen Gleitmodul $G = 810 \cdot 10^3$ kg/cm^2 zu:

$$c_0 = G \cdot J_p = 5220 \cdot 10^6 \text{ kg cm}^2 . \tag{18}$$

Die Werte von B für die verschiedenen Fälle sind in bekannter Weise[1] durch Probieren bestimmt worden.

Mit Hilfe der Zahlentafel 2 können die schwingungselastischen Linien aufgezeichnet werden (Abb. 17 bis 19). Dabei ist zu beachten, daß die Schwingungsausschläge von zwei benachbarten Massen

Zahlentafel 3.

$$\text{Fa l }\alpha_1) \quad l_7 = 35\,\text{cm}; \quad B_1 = 160\,000; \quad n_1 = \frac{30}{\pi}\sqrt{\frac{5{,}28 \cdot 10^9}{B_1}} = 1730\,\frac{1}{\text{min}}.$$

1	2	3	4	5	6
m	$\xi \cdot 10^3$	$m\xi$	$m\xi^2 \cdot 10^3$	$\xi_{\text{red}} \cdot 10^3$	$\dfrac{(\xi_{n+1} - \xi_n)^2}{l_n} \cdot 10^3$
1	60,0	5	320	14,2	
2	58,0	5	300	13,7	4
3	54,0	5	260	12,8	13
4	48,2	4	210	11,4	33
5	40,8	4	150	9,6	54
6	32,0	3	90	7,6	66
7	20,4	367	7200	4,8	112
8	—65,8	—395	26000	—15,5	11750
9	—70,1	—2	150	—16,6	4
		—4	34700	$Z_{1-6} = 69{,}3$	12030

$$A = \frac{34700 \cdot 10^{-3} \cdot 2610 \cdot 10^6}{60^2 \cdot 160000} = 157 \text{ cmkg für } 0{,}057° \text{ Verdrehungswinkel der Masse } m_1.$$

(z. B. m_4 und m_5) im gleichen Verhältnis stehen wie die anliegenden Kurbelwellenstücke nach Zahlentafel 2 (z. B. $\xi_4 : \xi_5 = l_{44} : l_{45}$).

In den Zahlentafeln 3 und 4 sind die Unterlagen zum Aufzeichnen der schwingungselastischen Linie für die Anordnung α, in Zahlentafel 5 und 6 für die Anordnung β und in Zahlentafel 7 und 8 für die Anordnung γ zusammengestellt worden. In der 2. Spalte ist jedesmal der Ausschlag ξ für die verschiedenen Massen m_2, m_3 angegeben, wobei der Ausschlag ξ der 1. Masse m_1 in willkürlicher Weise mit $\xi_1 = 60 \cdot 10^{-3}$ angenommen ist. Zwischen den Massen m_1 und m_2 liegt z. B. die Feder l_1, die in ein positives und ein negatives Stück nach Zahlentafel 2 unterteilt ist. Die Massen m_1 und m_2

---

[1] Föppl, O.: Grundzüge der Technischen Schwingungslehre, § 11.

$$\text{Zahlentafel 4.}$$

$$\alpha_2)\qquad B_2 = 94\,200\ \text{kg}\,\text{sec}^2;\qquad n_2 = 2250\ \frac{1}{\min}.$$

1	2	3	4	5	6
m	$\xi\cdot 10^3$	$m\,\xi$	$m\,\xi^2\cdot 10^3$	$\xi_{\mathrm{red}}\cdot 10^3$	$\dfrac{(\xi_{n+1}-\xi_n)^2}{l_n}\cdot 10^3$
1	60,0	5	325	60,0	
2	56,6	5	289	56,6	200
3	49,8	5	223	49,8	770
4	40,3	4	146	40,3	1500
5	28,4	3	73	28,4	2360
6	14,9	1	20	14,9	3030
7	—1,71	—31	52	—1,7	3950
8	1,37	8	11	1,3	270
9	1,53	—	—	1,5	10
		0	1139	$Z_{1-6}=250,0$	12090

$$A = \frac{1139\cdot 10^{-3}\cdot 2610\cdot 10^6}{60^2\cdot 94\,200} = 9{,}02\ \text{cm}\,\text{kg}.$$

$$\text{Zahlentafel 5.}$$

$$\beta_1)\quad l_7 = 19{,}3\ \text{cm};\qquad B_1 = 100\,000\ \text{kg}\,\text{sec}^2;\qquad n_1 = 2190\ \frac{1}{\min}.$$

1	2	3	4	5	6
m	$\xi\cdot 10^3$	$m\,\xi$	$m\,\xi^2\cdot 10^3$	$\xi_{\mathrm{red}}\cdot 10^3$	$\dfrac{(\xi_{n+1}-\xi_n)^2}{l_n}\cdot 10^3$
1	60	5	324	55,6	
2	56,7	5	289	52,5	160
3	50,4	4	229	46,8	540
4	41,4	4	154	38,4	1170
5	30,1	3	81	27,9	1840
6	17,4	2	27	16,1	2310
7	1,16	20	24	1,074	3240
8	—6,81	—41	279	—6,31	2830
9	—7,48	—	2	—6,94	0
		+2	1409	$Z_{1-6}=237,3$	12090

$$A = \frac{1409\cdot 10^{-3}\cdot 2610\cdot 10^6}{10^5\cdot 60^2} = 10{,}2\ \text{cm}\,\text{kg}$$

schwingen deshalb nach der gleichen Seite. Die Ausschläge der beiden Massen verhalten sich ebenso wie die Absolutwerte der beiden durch Unterteilung erhaltenen Wellenstücke l_{11} und l_{12}. Wenn eine Feder in zwei positive Stücke unterteilt wird (z. B. l_7

Zahlentafel 6.

β_2) $\qquad B_2 = 85\,000\ \text{kg sec}^2;\quad n_2 = 2370\ \dfrac{1}{\min}.$

1	2	3	4	5	6
m	$\xi \cdot 10^3$	$m\,\xi$	$m\,\xi^2 \cdot 10^3$	$\xi_{\text{red}} \cdot 10^3$	$\dfrac{(\xi_{n+1} - \xi_n)^2}{l_n} \cdot 10^3$
1	60	5	324	32,8	
2	56,2	5	285	30,7	70
3	48,8	4	214	26,6	280
4	38,3	3	132	20,9	540
5	25,3	2	58	13,8	840
6	10,85	1	10	5,9	1040
7	—6,89	—124	856	—3,8	1340
8	16,22	+ 97	1575	8,9	8250
9	18,4	+ 6	10	10,0	0
		—1	3464	$Z_{1-6} = 130,7$	12360

$$A = \frac{3464 \cdot 10^{-3} \cdot 2610 \cdot 10^6}{85 \cdot 10^3 \cdot 60^2} = 29,5\ \text{cm kg}$$

Zahlentafel 7.

γ_1) $\qquad l_7 = 8\ \text{cm};\quad B_1 = 96\,000\ \text{kg sec}^2;\quad n_1 = 2230\ \dfrac{1}{\min}.$

1	2	3	4	5	6
m	$\xi \cdot 10^3$	$m\,\xi$	$m\,\xi^2 \cdot 10^3$	$\xi_{\text{red}} \cdot 10^3$	$\dfrac{(\xi_{n+1} - \xi_n)^2}{l_n} \cdot 10^3$
1	60,0	5	324	61,3	
2	56,7	5	290	57,9	190
3	50,0	5	225	51,1	770
4	40,6	4	148	41,5	1500
5	28,9	3	75	29,5	2400
6	15,6	1	22	15,9	3080
7	— 0,75	—14	10	— 0,8	3980
8	— 1,52	— 9	14	— 1,5	80
9	—1,7	—	—	— 1,7	—
		0	1108	$Z_{1-6} = 257,2$	12000

$$A = \frac{1108 \cdot 10^{-3} \cdot 2610 \cdot 10^6}{96 \cdot 10^3 \cdot 60^2} = 8,39\ \text{cm kg}$$

in Zahlentafel 2, Fall α_1), bedeutet das, daß der zugehörige Knotenpunkt (k_1) auf dieser Feder liegt und daß deshalb die Schwingungsausschläge der zugehörigen Massen m_7 und m_8 verschiedenes Vorzeichen haben. Im Falle α_2 werden zwei Längen (l_6 und l_7) in positive Teile unterteilt. Die Schwingung hat deshalb zwei Knotenpunkte k_{11} und k_{12}.

In der 3. Spalte der Zahlentafel 3 bis 8 sind die Produkte $m \cdot \xi$ für die verschiedenen Massen gebildet. Wenn die Unterteilung richtig durchgeführt ist, muß die Summe dieser Produkte über die ganze Schwingungsanordnung Null geben, da bei der Schwingung der Gesamtschwerpunkt der Anordnung nicht verschoben wird. Diese Summierung ist ein sehr einfaches Hilfsmittel, um zu kon-

Zahlentafel 8.

γ_2) $\qquad\qquad B_2 = 36\,200\ \text{kg sec}^2; \quad n_2 = 3640\ \dfrac{1}{\text{min}}$.

1	2	3	4	5	6
m	$\xi \cdot 10^3$	$m\,\xi$	$m\,\xi^2 \cdot 10^3$	$\xi_{\text{red}} \cdot 10^3$	$\dfrac{(\xi_{n+1} - \xi_n)^2}{l_n} \cdot 10^2$
1	60	5	324	2,7	
2	51,1	5	236	2,3	30
3	36,5	3	120	1,6	80
4	13,53	1	16	0,6	170
5	$-11,52$	-1	12	$-\ 0,5$	200
6	$-35,0$	-3	110	$-\ 1,6$	200
7	$-56,1$	-1010	56\,700	$-\ 2,5$	120
8	$+165$	989	163\,000	$+\ 7,3$	11\,700
9	$+227$	7	1\,550	$+10,0$	20
		-4	222\,000	$Z_{1-6} = 9,3$	12\,520

$$A = \frac{222\,000 \cdot 10^{-3} \cdot 2610 \cdot 10^6}{36,2 \cdot 10^3 \cdot 60^2} = 4450\ \text{cm kg}$$

trollieren, ob die Unterteilungsrechnung nach Zahlentafel 2 richtig durchgeführt ist. In Zahlentafel 3 und 5 weicht die Probe etwas stärker ab, was auf Rechenschieberungenauigkeit zurückzuführen ist.

In der 4. Spalte ist für jede Masse das Produkt $m\xi^2$ gebildet und zum Schluß der Reihe die Summe ausgerechnet worden. Diese Summe ist der Formänderungsarbeit A verhältnisgleich, die in der äußersten Lage in der Feder — d. h. in der Kurbelwelle — aufgespeichert ist. Die Eigenfrequenz ν der Schwingungsanordnung ist gleich:

$$\nu = \sqrt{\frac{c_0}{m\,l}} = \sqrt{\frac{c_0}{B}}; \tag{19}$$

daraus folgt:

$$A = \frac{1}{2} \sum m v_{\text{max}}^2 = \frac{\nu^2}{2} \sum m \xi^2 = \frac{c_0}{2\,B} \sum m\,\xi^2 . \tag{20}$$

Der Wert von A ist am Schluß der Zahlentafeln 3 bis 8 ausgerechnet worden.

Aus den Schlußergebnissen der Zahlentafeln folgen die Werte für die insgesamt aufgespeicherte Formänderungsarbeit bei den drei Anordnungen zu:

Zahlentafel 9.

	B kg cm² sec²	d_7 cm	$(l_7)_{\text{red}}$ cm	$\dfrac{n}{1}$ min	A * cm kg	$10^3 \cdot Z_{1-6}$ **
a_1	160 000	20	35,0	1730	157	69,3
a_2	94 200	20	35,0	2250	9,02	250,0
β_1	100 000	23,2	19,3	2190	10,2	237,3
β_2	85 000	23,2	19,3	2370	29,5	139,2
γ_1	96 000	29,0	8,0	2230	8,39	257,2
γ_2	36 200	29,0	8,0	3640	4450	9,3

Die Werte beziehen sich sämtlich auf einen Schwingungsausschlag der ersten Kurbel von $\dfrac{57,3}{1000} = 0,0573°$. Die Dimension von A ist cmkg. Wenn man die Werte von A für $1°$ Schwingungsausschlag von m_1 haben will, muß man die Werte in Zahlentafel 9, Reihe 5 mit $17,5^2 = 304$ multiplizieren.

Bei der Aufstellung der aufgespeicherten Formänderungsarbeiten (Zahlentafel 3 bis 8, Reihe 4) ist die willkürliche Annahme gemacht worden, daß die Masse m_1 in jedem der Fälle den Ausschlag $\xi_1 = 60 \cdot 10^{-3}$ ausführen würde. Sämtliche Werte sind dann auf einen Winkelausschlag $\xi_1 = 0,001$ reduziert worden (Ausrechnung unter den Tabellen und in Zahlentafel 9). Tatsächlich wird aber die Wellenleitung sehr verschiedenartige Ausschläge machen, da einige Eigenschwingungen gefährlicher sein werden und deshalb stärker aufgeschaukelt werden als andere. Wir wollen für die weitere Rechnung alle Werte auf gleiche aufgespeicherte Formänderungsarbeit A_{red} beziehen und annehmen, daß die verhältnismäßige Dämpfung ein konstanter Wert wäre. ξ_1 wird dann in den sechs verschiedenen Fällen verschieden große Werte annehmen. In den Reihen 5 der Zahlentafeln 3 und 8 sind diejenigen Ausschläge ξ_{red} berechnet worden, die sich auf den Fall von insgesamt gleicher aufgespeicherter Formänderungsarbeit in den

---

* Für Ausschlag $\xi_1 = 0,001 = 0,057°$.

** Summe der Ausschläge der 6 Kurbeln ohne Rücksicht auf das Vorzeichen unter der Annahme, daß die gesamte Schwingungsenergie A gleich 9,02 cm kg beträgt.

sechs Fällen beziehen. Zuerst ist die Formänderungsenergie A_{red} für den Fall α_2 unter der Annahme berechnet worden, daß $\xi_1 = 0{,}057°$ beträgt. Durch Einsetzen von Gl. (18) in Gl. (20) erhält man:

$$A = \frac{2610 \cdot 10^6}{B} \, \Sigma \, m \, \xi^2. \tag{21}$$

Aus Zahlentafel 4 folgt also mit $B = 94\,200$ und $\Sigma m \xi^2 = 1{,}139$:

$$A_{\text{red}} = \frac{1139 \cdot 10^{-3} \cdot 2610 \cdot 10^6}{60^2 \cdot 94200} = 9{,}02 \text{ cm kg.} \tag{22}$$

Auf diesen Wert der Formänderungsarbeit für Fall α_2 bei $\xi_1 = 0{,}001$ sind die übrigen Formänderungsarbeiten bezogen worden. Es sind also für alle Fälle die Ausschläge ξ_{red} der Massen m_1 bis m_9 berechnet, die zur Gesamtformänderungsarbeit $A = 9{,}02$ cmkg gehören und in Abb. 17 bis 19 eingetragen worden sind. Die Werte von ξ_{red} sind in die 5. Reihen der Zahlentafeln eingetragen worden. Da A verhältnisgleich mit ξ^2 ist, geht z. B. die Reihe 5 in Zahlentafel 3 aus der Reihe 2 durch Multiplikation mit $\sqrt{\dfrac{9{,}02}{157}} = 0{,}24$ hervor.

Wir betrachten zuerst die ursprüngliche Ausführungsform α der Schwingungsanordnung mit der reduzierten Länge $l_7 = 35$ cm. Man sieht aus Abb. 17, daß die Schwingungsausschläge für die Schwingung 2. Grades beträchtlich größer sind als die für die Schwingung 1. Grades. Wenn die vorausgehende Betrachtung einwandfrei wäre, würde also hier fast ausschließlich die Erregung vom 2. Grad gefährliche Schwingungsausschläge hervorrufen können. Es ist aber zu beachten, daß bei der Schwingung 1. Grades in dem Wellenstück l_7 (Abb. 17) der überwiegende Anteil der Formänderungsenergie aufgespeichert ist und daß nur dann die Dämpfung verhältnisgleich dieser aufgespeicherten Formänderungsenergie sein könnte ($\psi = $ konstant), wenn ausschließlich Werkstoffdämpfung vorhanden wäre. Tatsächlich wird aber die Dämpfung sehr wesentlich auch durch die Schwingungsbewegungen der Getriebe verursacht werden. Bei den kleinen Schwingungsausschlägen ξ_1 bis ξ_6 (Zahlentafel 3, Reihe 5) wird nur wenig Dämpfung im Getriebe auftreten, so daß weit stärker aufgeschaukelt wird, als bei der Betrachtung angenommen ist. Es kommt ferner hinzu, daß die harmonischen Erregerimpulse um so größer sind, je geringer im allgemeinen das Verhältnis der Resonanzdrehzahl n_k einer Maschine zur Eigenschwingungszahl n_e der Schwingungsanordnungen ist. Die Betrachtung zeigt also, daß die Eigenschwingungszahl 1. Grades im Verhältnis zu der 2. Grades bei der Anordnung α nicht so ungefährlich ist, wie das nach Abb. 17 zu sein scheint. Man muß bei dieser Anordnung zwei Eigenschwingungszahlen berücksichtigen, von denen die 2. Grades etwas gefährlicher als die 1. Grades sein wird.

Wir betrachten nun den anderen Extremwert, nämlich die Anordnung γ, die zu $d_7 = 29$ cm gehört. Durch die Versteifung des Wellenstücks l_7 ist die Eigenschwingungszahl 1. Grades ziemlich bis an die des 2. Grades der Anordnung α gerückt. Die in der äußersten Lage aufgespeicherte Formänderungsarbeit ist wieder auf die vorausgehenden Werte reduziert worden. Man hat dabei Schwingungsausschläge der Kurbeln m_1 bis m_3 erhalten (Reihe 5 der Zahlentafel 7), die nicht viel von den in Zahlentafel 4 angegebenen Werten abweichen. Es folgt daraus, daß die Erregung der Schwingung 1. Grades bei dieser Anordnung γ ungefähr gerade so gefährlich ist wie die Erregung 2. Grades der Anordnung α.

Der große Vorteil der Anordnung γ liegt darin, daß die Schwingung 2. Grades für diese Anordnung nach Zahlentafel 8 und Abb. 19 ganz ungefährlich ist, weil einerseits der eine Knotenpunkt k_{21} auf dem Wellenstück l_4 nicht weit von den mittleren Kurbeln entfernt liegt und weil anderseits die Schwingungsausschläge nach Reihe 5 der Zahlentafel 8 sehr klein sind und außerdem die Eigenschwingungszahl sehr hoch liegt. Man braucht sich bei der Anordnung γ deshalb überhaupt nicht um die Schwingung 2. Grades zu kümmern.

Im Falle β ist der Durchmesser des Wellenstücks l_7 gleich 23,2 cm; die reduzierte Wellenlänge l_7 ist 19,3 cm. Das zugehörige Schwingungsbild (Abb. 18) läßt erkennen, daß die Kurbelmassen m_1 bis m_6 bei den Schwingungen 1. und 2. Grades bei gleicher in der Welle aufgespeicherten Formänderungsenergie nicht sehr stark voneinander verschiedene Ausschläge haben. Wenn man den Durchmesser der Welle l_7 etwas schwächer gemacht hätte (vielleicht 225 mm), dann hätte man erreichen können, daß die Schwingung 1. Grades und die 2. Grades gleiche Schwingungsausschläge der Kurbeln bei gleicher Formänderungsenergie haben würden. Die Anordnung und solche mit ähnlichem Wellendurchmesser haben den besonderen Nachteil, daß die Schwingungszahlen 1. und 2. Grades nur wenig voneinander verschieden sind (2190 und 2370 1/min nach Zahlentafel 9). Die Resonanzgebiete für die beiden Schwingungsformen liegen deshalb nahe beieinander. Die Anordnung β ist besonders ungünstig.

In den Reihen 5 der Zahlentafeln 3 bis 8 sind die Werte ξ_{red} unter der Annahme berechnet worden, daß in jeder äußersten Schwingungslage stets die gleiche Energie $A = 9{,}02$ cmkg aufgespeichert ist. Die Werte von ξ_{red} für die ersten 6 Massen sind unter der Annahme addiert worden, daß es auf das Vorzeichen nicht ankommt, so daß die Zahlen Z_{1-6} die Summe der Absolutwerte darstellen. In jedem Zylinder wirken die gleichen periodischen Kräfte. ξ_{red} gibt die Wege an, auf denen die Kräfte Arbeit leisten. Z_{1-6} ist deshalb der ungünstigste Wert, den die von den sämtlichen aufschaukelnden Kräften herrührenden Arbeitsbeträge annehmen könnten. Die Werte von Z_{1-6} sind in der Zahlentafel 9, Reihe 6 eingetragen worden. Man sieht aus dieser Zahlentafel, daß die Anordnung γ deshalb besonders günstig ist, weil der Wert Z für die Schwingung 2. Grades nahezu verschwindet.

In den Reihen 6 der Zahlentafeln 3 bis 8 sind die Werte für die in jedem Wellenstück aufgespeicherte Formänderungsenergie berechnet worden, wenn man die Ausschläge ξ_{red} zugrunde legt. Das Moment, das in einem Wellenstück l_n übertragen wird, ist verhältnisgleich dem Unterschied der Ausschläge ξ_n und ξ_{n+1} der anliegenden Massen geteilt durch die Länge l_n des Wellenstücks. Die Formänderungsarbeit, die in jedem Wellenstück aufgespeichert ist, ist deshalb gleich dem an der Spitze von Reihe 6 eingetragenen Ausdruck multipliziert mit der Konstanten c_0, deren Größe vom Durchmesser $d = 16$ cm abhängt (Gl. 18). Die Summe aller Werte aus Reihe 6 müßte, wenn die Berechnung streng durchgeführt wäre, in allen sechs Fällen gleiche Werte liefern, da ja die Schwingungsausschläge so bestimmt sind, daß in jeder Schwingungsform gleiche Gesamtenergie steckt. Man sieht, daß bei den Werten β_2 und γ_2 etwas größere Abweichungen von 2 bis 3% auftreten, die auf Ungenauigkeiten in der Ausrechnung zurückzuführen sind.

Wenn man die Kurbelwelle in der beschriebenen Weise berechnet, dann kann man vor dem Bau der Maschine sagen, welche Eigenschwingungszahlen gefährlich sind und wie gefährlich sie sind. Man wird stets anstreben, daß nur e i n e Schwingungszahl gefährlich große Ausschläge hervorrufen kann.

§ 19. Folgerungen für die Auswahl des Wellenstahls. Die Kurbelwelle einer Verbrennungskraftmaschine muß aus einem Stahl hergestellt werden, der nicht nur erhebliche Festigkeit hat, sondern auch eine größere Dämpfung entwickeln kann, bevor ein Dauerbruch ansetzt. Für diesen Zweck scheint sich in der letzten Zeit ein besonders sorgfältig hergestellter Stahl von 50 bis 60 kg/mm² Festigkeit immer mehr eingebürgert zu haben. Leider geben die Stahlwerke keine Werte für die Dämpfungsfähigkeit der von ihnen hergestellten Stahlsorten an, so daß der Maschinenbauer diese für die Haltbarkeit der Kurbelwelle so wichtige Größe in seinen Rechnungen nicht verwerten kann.

3*

Die Ankerwelle, auf der das Schwungrad und der Dynamoanker im vorausgehend durchgerechneten Beispiel sitzen, war in
der ursprünglichen Form (Fall α) so berechnet, daß sie bei 200 mm
Durchmesser bis zur zulässigen Beanspruchung belastet wurde. Es
war ursprünglich vorgesehen, daß sie aus dem gleichen Werkstoff
hergestellt werden sollte wie die Kurbelwelle. Mit Rücksicht auf
die Schwingungen ist aber das Wellenstück l_7 erheblich im Durchmesser (von 200 mm auf 290 mm) verstärkt worden, so daß jetzt
(Fall γ) die Beanspruchung in diesem Stück verschwindend gering
ist. Gerade dieses Stück l_7 muß aber im Falle γ, wie man aus Zahlentafel 8, 6. Reihe sieht, vor allem die Schwingungsenergie der
Schwingung 2. Grades aufnehmen. Damit sich diese Schwingung
möglichst wenig aufschaukelt, muß die Energie gerade in diesem
Wellenstück entsprechend stark vernichtet werden, trotzdem die
Beanspruchung des Werkstoffes sehr gering ist.

Im vorausgehenden haben wir in Ermangelung von besseren
Unterlagen die verhältnismäßige Dämpfung ψ als konstant angenommen. Diese Annahme trifft für einige nicht metallische Werkstoffe (z. B. Gummi) zu, bei denen ψ tatsächlich ziemlich unabhängig von der Größe der Wechselbeanspruchungen ist. Für Stahl
weicht diese Annahme aber ganz erheblich von der Wirklichkeit
ab. Tatsächlich nimmt der Wert von ψ für alle Stähle ganz wesentlich mit der Wechselbeanspruchung zu[1]. Um dieser Tatsache
Rechnung zu tragen, müßten wir also untersuchen, an welchen
Stellen der Wellenleitung besonders hohe Beanspruchungen auftreten, da dort die in Wärme umgesetzte Formänderungsarbeit
wesentlich größer im Verhältnis zu schwächer beanspruchten Stellen ist als im vorausgehenden angenommen wurde.

Wir können diesen Nachteil aber in dem besonderen Fall des
Beispiels (Fall γ) dadurch teilweise ausgleichen, daß wir die Wellenleitung, die ohnehin aus zwei Stücken besteht, aus verschiedenen
Werkstoffen herstellen. Die Kurbelwelle geht bis zum Schwungrad m_7. An der rechten Seite des Schwungrads (Abb. 16) ist das
Wellenstück l_7, l_8 angeflanscht. Die Kurbelwelle soll bei den
Schwingungen bis zur zulässigen Grenze beansprucht werden. Die
angeflanschte Generatorwelle ist dagegen in dem Teil l_7 mit Rücksicht auf die Schwingungen so stark ($d_7 = 29{,}0$ cm) ausgeführt
worden, daß die in ihr auftretenden Beanspruchungen weit unterhalb der zulässigen Grenze liegen. Trotz dieser geringen Beanspruchung soll das Wellenstück l_7 erhebliche Dämpfungsbeträge in
Wärme umsetzen.

---

[1] Siehe z. B. A. Appenrodt: Mitteilungen des Wöhler-Instituts, H. 24,
Abb. 93 u. 94. Verlag F. Vieweg, Braunschweig.

In der Praxis werden gewöhnlich Kurbelwellen und Schwung-
radwellen aus dem gleichen Werkstoff (z. B. St. 60) hergestellt.
Im vorliegenden Falle muß man von dieser Regel wesentlich abweichen, weil ja nur die Kurbelwelle auf Festigkeit beansprucht
wird, während von der Generatorwelle keine hohe Festigkeit, sondern große Dämpfung verlangt wird. Man muß deshalb die Generatorwelle aus einem Stahl herstellen, der ganz geringe Festigkeit (z. B. $\sigma_z = 32$ kg/mm^2) haben kann, der aber trotz der geringen
Beanspruchungen starke Dämpfungsbeträge auslöst (z. B. St. 34
oder weicher Sonderstahl). Man kann auf diese Weise erreichen,
daß die verhältnismäßige Schwingungsdämpfung ψ des Wellenstücks l_7 trotz der kleinen Beanspruchung ebenso groß ist wie der
Wert ψ der Kurbelwelle an der höchst beanspruchten Stelle.

Ein solcher weicher Stahl für das Wellenstück l_7 dämpft die
Schwingung 2. Grades bei der Anordnung γ so stark ab, daß die
Kurbelwelle vor Schwingungserregungen 2. Grades vollkommen
geschützt ist. Bei den Schwingungen 1. Grades (Zahlentafel 7,
Reihe 6) ist im Wellenstück l_7 nur ganz wenig Formänderungsenergie aufgespeichert, so daß die Kurbelwelle allein die Dämpfung liefern muß. Die Beanspruchung ist dabei im Wellenstück l_7
bei dem vorgesehenen großen Durchmesser d_7 so gering, daß auch
der weichste Stahl keine Bruchgefahr bereitet.

Wenn man die vorausgehend genannte Werkstoffauswahl nicht
trifft und das Wellenstück l_7 aus dem gleichen Stahl herstellt, aus
dem die Kurbelwelle besteht (z. B. St. 60), dann sind die Annahmen, die zur Aufstellung der 5. Reihe der Zahlentafeln gemacht
worden sind, ungültig. Dann wird sich im Falle γ die Schwingung
2. Grades doch stärker aufschaukeln können, da die im Wellenstück l_7 aufgespeicherte große Formänderungsarbeit wegen der geringen Beanspruchung dieses Teils und der damit verbundenen geringen Dämpfungsfähigkeit ψ mit wenig Dämpfung verbunden ist.
Wenn man die Welle l_7 aus einem harten Stahl statt aus St. 34
herstellt, können die Schwingungen unter Umständen so stark aufgeschaukelt werden, daß entweder dieses Wellenstück l_7 oder die
Kurbelwelle zu Bruch geht. Die Anordnung γ ist also nur dann
besonders vorteilhaft, wenn man das angeflanschte Wellenstück
für den Generatoranker aus einem besonders dämpfungsfähigen
Werkstoff herstellt.

§ 20. Verringerung der Steifigkeit des linken Wellenstücks. Die
Durchmesser der Kurbelwelle und die Abmessungen der Kurbel-
wangen durften nicht verringert werden, da sie Mindestmaße sind.
Um den Knotenpunkt k_1 nach den Kurbeln zu zu verschieben, kann
man aber auch auf das freie Ende der Kurbelwelle eine zusätzliche

Masse aufsetzen, die man etwa der Schwungradmasse m_7 entnehmen kann. Diese Masse ist in Abb. 16 gestrichelt eingetragen und mit m_0 bezeichnet. Die Masse m_0 kann man so groß wählen, daß etwa der Knotenpunkt k_{21} (Abb. 17) in die Nähe der Mitte der Kurbelwelle, also etwa auf das Stück l_4 zu liegen kommt. Diese Anordnung ist in bezug auf Schwingungswege — d. h geringer Wert für Z_{1-6} — ebenfalls besonders vorteilhaft. Sie hat aber gegenüber der in § 9 und 10 besprochenen Versteifung des rechten Kurbelwellenstücks von $d_7 = 20{,}0$ cm auf $29{,}0$ cm den Nachteil, daß die beiden Eigenschwingungszahlen der Wellenanlage nicht erhöht, sondern erniedrigt werden. Die Gefahr, daß gefährlich große harmonische Impulse auftreten, ist also besonders groß.

Der Schwingungsknotenpunkt wird ganz von selbst nach der Mitte der Dieselmaschine zu verlagert, wenn man einen Schwingungsdämpfer auf das Kurbelwellenende aufsetzt, durch den ebenfalls die Eigenschwingungszahl erniedrigt wird. Der Schwingungsdämpfer wirkt also nicht nur dadurch, daß er zusätzlich Schwingungsenergie in Wärme umsetzt, sondern im allgemeinen auch dadurch, daß er den Knotenpunkt nach der Mitte der Kurbelwelle zu verlagert und deshalb die erregenden Impulse weniger gefährlich macht. Die Anbringung des Schwingungsdämpfers kann natürlich auch eine Verlagerung des Knotenpunktes im ungünstigsten Sinne zur Folge haben. Dieser Gesichtspunkt muß bei der Anbringung eines Schwingungsdämpfers beachtet werden.

III. Erregung von Schwingungsanordnungen, deren Masse gleichförmig längs der Achse verteilt ist.

§ 21. Seilschwingungen und longitudinale Stabschwingungen. Seilschwingungen sind besonders gefährlich bei den Fernleitungen der Kraftwerke. Durch den Wind werden die Fernleitungsseile zu Schwingungen in senkrechter Richtung angeregt, die unter Umständen große Seilausschläge und Dauerbrüche des Seils zur Folge haben können. Die Gefahr ist im Winter besonders groß, da dann die Dämpfungsfähigkeit des Werkstoffs gering ist. Insbesondere sind die Leitungen aus hartem Leichtmetall, das geringe Werkstoffdämpfung hat, stark gefährdet. Wir wollen die Frage behandeln, bei welchen Winderregungen die größte Bruchgefahr besteht.

Je stärker die Windgeschwindigkeit ist, desto größer ist auch die durch die periodisch abgelösten Wirbel auftretende Windkraft. Mit steigender Windgeschwindigkeit steigt aber auch die Anzahl der sekundlich abgelösten Wirbel an, so daß also bei größeren

Windgeschwindigkeiten höhere Eigenschwingungszahlen des Seiles in Frage kommen. An einem ganz einfachen Beispiel soll untersucht werden, wie die Beanspruchung eines in Resonanz erregten Körpers von gleichförmiger Massenverteilung mit dem Grad der Schwingungserregung veränderlich ist. Der Einfachheit halber wird die Betrachtung nicht an Seilschwingungen, sondern an Längsschwingungen eines Stabes durchgeführt, die den gleichen Gesetzen gehorchen.

In Abb. 20 ist ein Stab wieder gegeben, der durch eine periodische Kraft $P_0 \cdot \cos \nu t$ zu Längsschwingungen angeregt wird. Die Schwerpunktsverschiebung des Stabs vernachlässigen wir gegenüber den Ausschlägen ξ, die bei Resonanzerregung auftreten.

Abb. 20. Stab, der Längsschwingungen ausführt.

Wir nehmen an, daß die Dämpfung ψ des Stabs (in erster Linie Werkstoffdämpfung) sehr gering sein möge, so daß sich die Schwingungen stark aufschaukeln können. Die Eigenschwingungsperiode ν des Stabs oder die Eigenschwingungsdauer T kann in bekannter Weise leicht berechnet werden („Grundzüge", S. 55). Es ist

$$T = \frac{2l}{k}\sqrt{\frac{\mu}{E}}\,; \qquad \nu = \frac{\pi k}{l}\sqrt{\frac{E}{\mu}}\,. \tag{23}$$

Darin bedeuten μ die bezogene Masse des Werkstoffs und E den Elastizitätsmodul. Die Zahl k gibt die Gradnummer der Eigenschwingungszahl an. Mit $k = 1$ erhält man also aus Gl. (23) die Schwingungszahl 1. Grades, mit $k = 2$ die Schwingungszahl 2. Grades usw. Wenn die erregende Kraft P in Abb. 20 im Tempo einer Eigenschwingungszahl auftritt, haben wir besonders große Schwingungsausschläge zu erwarten.

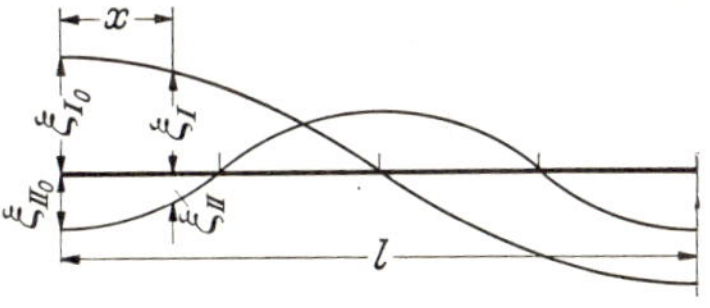

Abb. 21. Schwingungsausschläge 1. und 2. Grades des Stabes nach Abb. 20.

In Abb. 21 ist der Schwingungsausschlag ξ_I der Schwingung 1. Grades und der Schwingungsausschlag ξ_{II} für die Schwingung 2. Grades in Abhängigkeit von der Entfernung x jedes Massenelements vom Stabende aufgetragen. Die beiden Sinuslinien sind so übereinander gezeichnet, daß der Stab bei der Schwingung 1. Grades doppelt so große Endausschläge ξ_{I_0} wie ξ_{II_0} der Schwingung 2. Grades ausführt. In diesem Falle ist bei der Schwingung 1. Grades gleiche Schwingungsenergie und damit auch gleiche Höchstbeanspruchung vorhanden wie bei der Schwingung 2. Grades. Der Weg, den die erregende Kraft P zurücklegt (Abb. 20), ist bei der Schwingung 2. Grades nur halb so groß wie bei der Schwingung 1. Grades. Um auf jede Schwingung gleiche Energie in den Schwingungsstab einzuleiten (z. B. bei $\psi =$ konst.), müßte man also zur Erregung der Schwingung 2. Grades eine periodische Kraft P_{II} mit doppelt so großem Größtwert wie für die Erregung der Schwingung 1. Grades anwenden. Oder: Die Beanspruchung bei Resonanzerregung der Schwingung mit gleicher Kraft P_{n_0} $= P_{I_0}$ ist um so geringer, je höher der Schwingungsgrad n oder je geringer der Abstand zwischen zwei benachbarten Knoten ist.

Für $\psi =$ konstant kann man das Verhältnis der größten Beanspruchung im Stab für die Schwingungserregung 1. und 2. Grades nach Abb. 21 berechnen, wenn man den Größtwert der erregenden Kraft P in beiden Fällen gleich annimmt. Bei der Erregung im Tempo der Schwingung 2. Grades ist der größte Schwingungsausschlag ξ_{II_0} nur $\frac{1}{4}$ so groß wie ξ_{I_0}. Die im Stab in der äußersten Lage aufgespeicherte Formänderungsarbeit ist, wie wir vorhin sahen, bei der Schwingung 2. Grades gerade so groß wie bei der Schwingung 1. Grades, wenn $\xi_{II_0} = \dfrac{\xi_{I_0}}{2}$. Für $\xi_{II_0} = \dfrac{\xi_{I_0}}{4}$ ist die aufgespeicherte Formänderungsarbeit, ebenso wie die durch die erregende Kraft P hineingesteckte Arbeit, $\frac{1}{4}$ von den Größen, die zur Schwingung 1. Grades gehören. Die Beanspruchung $\sigma_{II_{\max}}$ ist halb so groß wie $\sigma_{I_{\max}}$. Es findet wieder Gleichgewicht zwischen hineingesteckter und durch Dämpfung vernichteter Energie statt, da ψ als konstant angenommen ist.

Wir sehen daraus, daß die Erregung für die Schwingung 1. Grades bei der Anordnung nach Abb. 21 doppelt so gefährlich — d. h. mit doppelt so großen Größtbeanspruchungen verbunden — ist wie die Erregung der Schwingung 2. Grades durch eine gleich große periodische Kraft, die in beiden Fällen am Schwingungsbauch angreift usw. Die Gefahr für Resonanzerregung hängt also beim gleichen Stab vom Abstand zweier benachbarter Knotenpunkte ab.

Wir können dieses Ergebnis auf die im vorausgehenden genannten, vom Wind erregten Seilschwingungen übertragen: Die Erregung der Seilschwingungen wäre, wenn wir die resultierende Windkraft auf eine Stelle beziehen und eine vom Schwingungsgrad unabhängige Windkraft $P = P_0 \cos \nu t$ annehmen könnten, dann am gefährlichsten, wenn sie im Tempo der Eigenschwingungszahl des 1. Grades der Seilschwingungen erfolgen würde. Der Größtwert P_0 der Windkraft nimmt aber mit der Windgeschwindigkeit ab. Für die Aufschaukelung der Seilschwingungen kommt ferner nicht eine gleichmäßige Belastung des Seiles durch die Windkraft, sondern nur der Unterschiedsbetrag in Frage, da sich die Wirbel an den verschiedenen Stellen des Seils verschieden ablösen, wie wir im Nachfolgenden sehen werden.

§ 22. Die Aufschaukelung der Seilschwingungen durch einen gleichmäßig wehenden Wind. Es ist bekannt, daß sich hinter einem angeblasenen Seil (Abb. 22) Wirbel (Kármàn-Wirbel) ablösen, die eine periodische Kraft P senkrecht zur Windrichtung v zur Folge haben. Die Frequenz ν der Wirbelablösung steht bei den großen Mastabständen immer ungefähr in Resonanz mit einer Eigenschwingungszahl des Seiles, so daß erhebliche Seilschwingungsausschläge in vertikaler Richtung

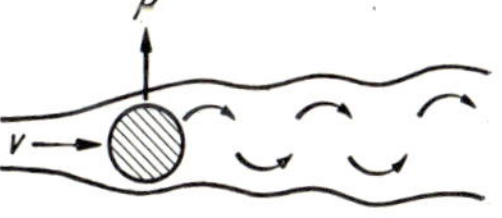

Abb. 22. Wirbel hinter einem angewehten Seil.

erregt werden können. Damit die Seilschwingungen aufgeschaukelt werden können, müssen sich die Luftwirbel an den einzelnen Stellen des Seils (Abb. 23) in einer ganz besonderen Gesetzmäßigkeit ablösen. Es genügt z. B. bei einer gleichmäßigen Luftströmung nicht, daß sich an allen Stellen 1, 2, 3, 4, 5 des Seils in einem bestimmten Augenblick gerade an der oberen Seite ein Wirbel ablöst, da in diesem Falle und diesem Augenblick die Kraft P sonst längs des ganzen Seiles gleich gerichtet wäre. Damit sich Seilschwingungen aufschaukeln können, muß entweder eine fortlaufende oder eine stehende Schwingung erzeugt werden. Im ersteren Falle lösen sich die Wirbel

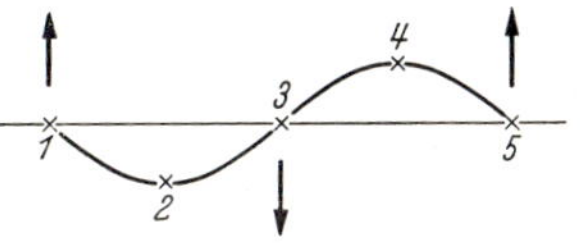

Abb. 23.
Erregung einer Seilschwingung.

so ab, daß Kräfte in der durch die Pfeile in Abb. 23 angedeuteten Art hervorgerufen werden. An der Stelle 1 wird sich z. B. gerade ein Wirbel so ablösen, daß auf das Seil eine Kraft nach oben wirkt. An der Stelle 2 ist die durch die Ablösung hervorgerufene Kraft gerade Null, während der an der Stelle 3 sich ablösende Wirbel eine nach unten gerichtete Kraft zur Folge hat. Die Kraft P eilt dem größten Schwingungsausschlag um $90°$ voraus und bewirkt deshalb die Aufschaukelung der Schwingungen. Die angegebene Wirbelablösung und die damit verbundene Kraftfolge würde bewirken, daß der Schwingungsknoten nach rechts eilt, d. h. daß Energie nach rechts zu fortgeleitet wird.

Es kann aber auch eine stehende Schwingung so erzeugt werden, daß an einzelnen Stellen (Knotenpunkte) keine oder nur kleine Wirbelablösungskräfte P erzeugt werden, während an anderen Stellen (Schwingungsbäuche) infolge der großen Seilwege besonders starke periodische Kräfte P ausgelöst werden. Wahrscheinlich wird diese Art der Wirbelablösung in der Praxis angenähert vorhanden sein.

Durch die Seilschwingungen muß die Wirbelablösung stets so gesteuert werden, daß die mit der Ablösung verbundene Kraft P große Schwingungsausschläge hervorruft. Dadurch, daß eine bestimmte Seilstelle im Rhythmus der Ablösefrequenz ν schwingt, wird also erreicht, daß die Ablösung an dieser Stelle so erfolgt, daß dauernd Energie auf die Seilschwingung übertragen oder die Seilschwingung aufgeschaukelt wird. Der Größtwert der im gleichen Tempo ν sich ablösenden Windkraft muß um so größer sein, je größer der Schwingungsausschlag des Seils ist. Vorausgesetzt ist dabei nur, daß die Frequenz der Wirbelablösung und die Eigenfrequenz der Seilschwingung gleich sind. Die Phase und die Größe der Windkraft muß dagegen vom Seilschwingungsausschlag abhängig sein. Die Ausbildung eines solchen Schwingungsbildes braucht erfahrungsgemäß bei einer gleichmäßigen Luftströmung einige Zeit (vielleicht 1 Minute) während der das Strömungsbild nicht gestört werden darf, wenn man größere Schwingungsausschläge erzielen will.

Das Aufschaukeln von großen Seilschwingungsausschlägen setzt also eine gleichmäßig auf längere Zeit wirkende Windgeschwindigkeit voraus. Die Seilschwingungsausschläge steuern dabei die Wirbelablösung derart, daß an jeder Stelle des Seils die Wirbel so abgelöst werden, daß die Wirbelkraft P immer aufschaukelnd wirkt. Wenn in die Seilschwingung eine Störung hineinkommt, dann wird die Wirbelablösung an den einzelnen Stellen etwas verändert mit dem Erfolge, daß die Windkraft P nicht mehr aufschaukelnd wirkt (d. h. mit 90° dem Schwingungsausschlag vorauseilt), sondern nur die Schwingungsdauer verändert (0 oder 180° Phasenverschiebung zwischen P und dem Schwingungsausschlag) oder gar die Schwingung abdämpft (P eilt mit etwa 90° Phasenverschiebung dem Seilausschlag nach).

Diese Störung der für die Schwingungsaufschaukelung erforderlichen gleichmäßigen Wirbelablösung längs des Seils kann z. B. durch Stöße verursacht werden, die längs des Seils fortgeleitet werden. Ein Stoß ist ebenfalls ein Schwingungsvorgang, der dadurch vor den vom Wind erregten Seilschwingungen ausgezeichnet ist, daß er mit viel höherer Schwingungsfrequenz erfolgt als jene. An jeder Stelle des Seils, durch die die Stoßenergie hindurch läuft, wird die gleichmäßige Wirbelablösung gestört und in ihrem Phasenwinkel um einen entsprechenden Betrag verlagert. Die Folge davon ist, daß die kurz danach sich ablösenden Kármàn-Wirbel nicht schwingungsaufschaukelnd wirken und zwar so lange, bis die Wirbelablösung wieder durch den Seilschwingungsausschlag entsprechend gesteuert ist. Wenn man durch die Stöße das Aufschaukeln von größeren winderregten Seilschwingungsausschlägen verhindern will, muß man in kurzen zeitlichen Abständen immer wieder neue Stoßwellen auf das Seil übertragen. Das kann durch auf das Seil aufgesetzte Dämpfer geschehen, die in § 37 behandelt werden.

§ 23. Resonanzerregung der Schwingungen von verschiedenen Graden bei konstantem Erregerweg. Wir nehmen eine Feder an, deren Masse gleichmäßig längs ihrer Länge verteilt ist (Abb. 24). Der linke Endpunkt a der Feder kann in Richtung der Federachse um $\xi = \xi_0 \cos \nu t$ frei schwingen. Der rechte Endpunkt b wird zwangsweise um

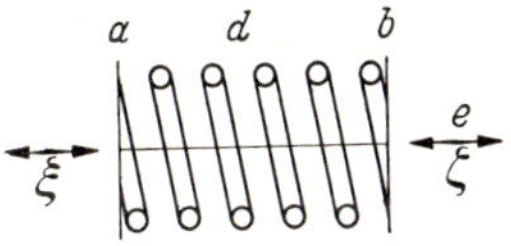

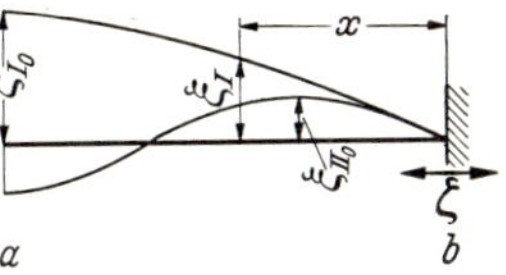

Abb. 24. Schwingende Feder.

den Weg $\zeta = \zeta_0 \cdot \sin \nu t$ in Achsrichtung hin- und herbewegt. Die Feder macht besonders große Ausschläge, wenn die Erregung von b aus im Tempo einer Eigenschwingungszahl n_1, n_2 usw. erfolgt. In Abb. 25 ist das Schwingungsbild der Schwingung 1. Grades mit dem Größtausschlag ξ_{I_0} und das der Schwingung 2. Grades mit dem Größtausschlag ξ_{II_0} aufgezeichnet. Bei dieser Anordnung ist die Eigenschwingungszahl 2. Grades (n_{II}) dreimal so groß wie die Eigenschwingungszahl 1. Grades (n_I). Wenn die Größtausschläge ξ_{I_0} drei mal so groß gemacht werden wie ξ_{II_0},

Abb. 25. Schwingungsbild 1. und 2. Grades.

dann ist die in der äußersten Schwingungslage aufgespeicherte Energie in beiden Fällen gleich groß.

Wir fragen nun, wie stark die beiden Schwingungen aufgeschaukelt werden, wenn der erregende Ausschlag $\zeta = \zeta_0 \sin \nu_1 t$ bzw. $\zeta_0 \sin \nu_2 t$ gleiche Größtwerte ζ_0 hat. Wir sehen, daß in Abb. 25 an der Einspannstelle in beiden Fällen gleiche Federkraft übertragen wird, da $\dfrac{d\xi}{dx}$ für $\xi_{I_0} = 3\,\xi_{II_0}$ an der Stelle $x = 0$ gleich groß ist. Um die Schwingung vom 2. Grad zu gleicher Schwingungsenergie aufzuschaukeln wie die Schwingung vom 1. Grad, muß der Erregerweg ζ_{I_0} ebenso groß sein wie ζ_{II_0}. Für die Schwingung vom 2. Grad ist das Aufschaukelungsverhältnis $\xi_{II_0} : \zeta_{II_0}$ demnach nur $^1/_3$ so groß wie das Aufschaukelungsverhältnis $\xi_{I_0} : \zeta_{I_0}$. Wir nehmen dabei an, daß die verhältnismäßige Dämpfung ψ des Federwerkstoffs konstant sei.

Wir sehen also, daß im Falle einer Erregung mit gleichem Erregungsweg die Aufschaukelung um so geringer ist, je höher der Schwingungsgrad ist, mit dem die Erregung in Resonanz steht. Das ist ähnlich wie bei einer durch eine bestimmte Kraft P erregten Schwingung, bei der ebenfalls die Schwingung um so weniger aufgeschaukelt wird, je höher der Schwingungsgrad der Resonanzerregung ist (§ 21). Anordnungen der in Abb. 24 angegebenen Art werden vielfach als Dämpfer verwendet, indem sie mit einer zu dämpfenden Schwingungsanordnung rechts von b (Abb. 24) verbunden sind. Die Erregung für den Dämpfer d ist also zugleich die Dämpfung für die Hauptanordnung e.

Die absolute Dämpfungsarbeit, die in einem Dämpfer dieser Art bei gleichem Erregerweg auf eine Schwingung in Wärme umgesetzt wird, ist in beiden Fällen bei gleichem ζ_0 die gleiche. Bei der Schwingung vom höheren Grad ist aber die Schwingungsenergie, die im erregenden (d. h. zu dämpfenden) Teil e enthalten ist bei gleichem Ausschlag entsprechend größer als bei der Schwingung vom 1. Grad. Deshalb kann man auch sagen, der Dämpfer nach Abb. 24 und 25 dämpft bei Erregung der höheren Schwingungsgrade viel weniger als bei Erregung der Schwingung vom 1. Grad.

IV. Die künstliche Dämpfung von Schwingungen.

§ 24. Vorbemerkungen. Am günstigsten ist es, wenn man Maschinen unter Berücksichtigung des in Abschnitt II Gesagten so bauen kann, daß an ihnen keine störenden kritischen Schwingungen auftreten. In vielen Fällen gelingt das aber nicht; man muß sich dann bemühen, kritische Schwingungen (z. B. der Kurbelwellen von Verbrennungskraftmaschinen) nachträglich zu beseitigen oder zu mildern. Diese Aufgabe ist in der letzten Zeit immer dringender geworden, da die Entwicklung der Maschinen immer mehr dem kritischen Gebiet entgegen gegangen ist. Die neuzeitlichen Maschinen laufen rascher als die früheren. Man bemüht sich, möglichst große Einheiten in einem Zylinder unterzubringen (große Erregerimpulse), und man setzt, um eine möglichst große Leistung der Maschine zu erhalten, möglichst viele Zylinder nebeneinander auf die Kurbelwelle (Erniedrigung der Eigenschwingungszahl). Alle diese Maßnahmen haben zur Folge, daß die normalen Drehzahlen der Maschinen näher an die Eigenschwingungszahlen der Kurbelwellen heranrücken und daß deshalb die Gefahr von kritischen Schwingungserregungen sehr groß ist. Diese Gefahr ist namentlich dann vorhanden, wenn die Maschine bei verschiedenen Drehzahlen betrieben werden muß, wie es z. B. bei Schiffsmotoren oder bei Flugzeugmotoren immer der Fall ist. Im normalen Drehzahlbereich der Maschine treten dann Gebiete auf, bei denen die Eigenschwingungen der Kurbelwelle durch die im gleichen Takt erfolgenden Zündungsstöße der Maschine zu gefährlich großen Ausschlägen anwachsen. In diesen Fällen ist man darauf angewiesen, die Ausschläge der Kurbelwelle durch künstlich aufgesetzte Dämpfer zu verringern.

§ 25. Der Schwingungsdämpfer ohne Reibung (scheinbare Dämpfung). In jeder schwingenden mechanischen Anordnung wird Energie vernichtet. Es gibt einerseits Dämpfereinrichtungen, deren Hauptwirkung in der Energievernichtung liegt und anderseits Dämpferanordnungen, bei denen die Energievernichtung im Schwingungsdämpfer sehr gering ist, die also in etwa gleicher Weise wirken würden, wenn überhaupt keine Energie in ihnen vernichtet werden würde. Mit Anordnungen der letzteren Art wollen wir uns im nachfolgenden zunächst befassen.

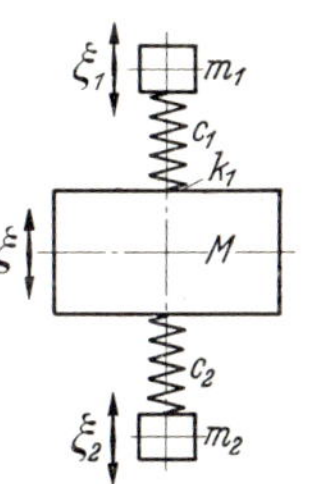
Abb. 26.
Hauptmasse M mit zwei federnd angeschlossenen Nebenmassen m.

In Abb. 26 ist M eine große Masse, die mit der weit kleineren Masse m_1 durch die Feder c_1 verbunden ist. Zwischen den Massen M und m_1 mag (z. B. durch magnetische Anziehungskräfte) eine periodische Kraft ausgeübt werden, die die Anordnung $M\,c_1\,m_1$ in Schwingungen versetzt. Da m_1 klein sein soll gegen M, ist der Knotenpunkt k_1 der Schwingung in der Nähe des unteren Endes der Feder c_1. Wenn geringe Dämpfung in der Feder c_1 vorhanden ist, dann werden wir bei Resonanzerregung im Verhältnis zu den Kräften große Bewegungen der Masse m_1 gegen die Masse M erhalten.

Es sei nun die Aufgabe gestellt, die Ausschläge der großen Masse M bei gegebener Größe der Ausschläge ξ_1 von m_1 möglichst klein zu halten. Zu diesem Zweck verbinden wir mit der großen Masse M eine weitere kleine Masse m_2 unter Verwendung der Feder c_2. Die Anordnung $c_2\,m_2$ soll ungefähr die gleiche Eigenschwingungszahl wie $M\,c_1\,m_1$ haben, die wegen der Verschiedenheit in der Größe der Massen M und m_1 angenähert gleich der Eigenschwingungszahl von $c_1\,m_1$ ist. Wir betrachten nur Bewegungen in lotrechter Richtung und nehmen an, daß das System $M\,c_1\,m_1$ durch periodische Impulse von ganz bestimmter Größe und von der Periode der Eigenschwingungszahl erregt wird.

Ohne die Anordnung $c_2\,m_2$ wird die Schwingung durch die Impulse solange aufgeschaukelt, bis die Systemdämpfung (etwa

Dämpfung in der Feder c_1) gleich der zugeführten Energie ist. Wenn dagegen zusätzlich das vollkommen dämpfungsfrei gedachte System $c_2\,m_2$ angebracht wird, das die gleiche Eigenschwingungszahl hat, wird durch die Bewegung der Masse M das System $c_2\,m_2$ mit erregt. Während m_1 infolge der inneren Erregung entgegengesetzte Bewegungen ausführt wie M (Knotenpunkt k_1), führen M und m_2 im Beharrungszustand gleichgerichtete Bewegungen miteinander aus. Im Beharrungszustand würden sich also unter der Annahme eines bestimmten Weges ξ_{10} der Masse m_1 und beim Fehlen jeder Reibung m_1 und m_2 in entgegengesetzter Richtung bewegen, wobei zu einem größten Massenweg ξ_{10} ein größter Massenweg ξ_{20} derart zugeordnet ist, daß

$$\xi_{10}\,m_1 - \xi_{20}\,m_2 = \xi_0\,M. \tag{24}$$

ξ_0, ξ_{10} und ξ_{20} sind dabei die Größtwege der Massen M, m_1 und m_2. Durch Anbringung des ungedämpften Systems $c_2\,m_2$ haben wir also erreicht, daß die störende Bewegung der Masse M bei gegebenem Größtausschlag ξ_{10} der Masse m_1 entsprechend verringert wird. Wir brauchen in diesem Fall keine Dämpfung im Dämpfersystem $c_2\,m_2$ anzunehmen. Der Dämpfer $c_2\,m_2$ wird im Gegenteil dann besonders günstig arbeiten, wenn die Dämpfung im System $c_2\,m_2$ möglichst gering ist. Die Vorrichtung gehört deshalb eigentlich nicht in die Klasse der Dämpfer, sondern der Auswuchtvorrichtungen. Bei dieser Betrachtung ist es gleichgültig, ob der Knotenpunkt entweder auf der Feder c_1 oder auf c_2 in der Nähe der Masse M liegt. In jedem Fall schwingen die Massen m_1 und m_2 gegeneinander und verhüten auf diese Weise, daß die Masse M zu größeren Schwingungsausschlägen angeregt wird.

Tatsächlich ist aber sowohl die Feder c_1 wie die Feder c_2 nicht vollkommen dämpfungsfrei. Es wird deshalb im Beharrungszustand bei Resonanzerregung nicht 180°, sondern 90° Phasenverschiebung zwischen den beiden durch jede Feder verbundenen Massen stattfinden. Wenn die Erregung also von der kleinen Masse m_1 ausgeht, wird die große Masse M um 90° gegen m_1 nacheilende Bewegungen ausführen. Von M wird aber die Dämpfermasse m_2 erregt, die ebenfalls um 90° gegen M verschobene Bewegungen ausführt. Die Massen m_1 und m_2 führen deshalb um 180° gegeneinander verschobene Bewegungen aus, d. h. sie bewegen sich gegeneinander, oder die Bewegung der Dämpfermasse m_2 gleicht die Schwerpunktsverschiebung von m_1 nahezu aus. Durch das Aufsetzen des Dämpfers $c_2\,m_2$ erreicht man also, daß die große Masse M von den Massenverschiebungen der kleinen Masse m_1 kaum beeinflußt wird.

Anordnungen der in Abb. 26 angegebenen Art sind mit Vorteil verwendet worden, um störende Schwingungserscheinungen an Meßinstrumenten zu beseitigen, die bei Resonanzantrieb auftreten können[1]. An ein Schaltbrett mit verhältnismäßig großer Masse M mag also z. B. eine Schwingungsanordnung befestigt sein mit kleiner Masse m_1. Die Schwingungsanordnung soll im Betrieb zu großen Ausschlägen der Masse m_1 erregt werden. Es stört dabei, daß auch das Schaltbrett M — wenn auch nur verhältnismäßig kleine — Bewegungen ausführt. Diese Bewegungen von M werden beseitigt oder gemildert durch die dämpfungsfreie Anordnung $c_2 m_2$.

§ 26. Der Dämpfer mit Reibung. In Abb. 27 ist $c_1 m_1$ eine Schwingungsanordnung, die durch eine periodische äußere Kraft im Tempo ihrer Eigenschwingungszahl erregt wird. Wir setzen auf die Masse m_1 den Schwingungsdämpfer $c_2 m_2$, der aus der nachgiebigen Feder c_2 und aus der im Verhältnis zu m_1 kleinen Masse m_2 besteht. Im Gegensatz zur Zeichnung soll die reduzierte Län-

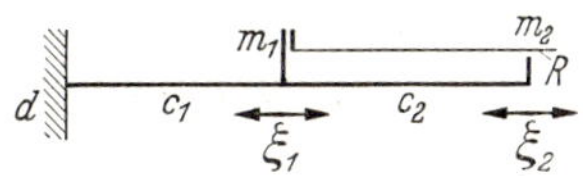

Abb. 27. Zwei gegeneinander schwingende Massen m_1 und m_2 mit Reibung R.

ge l_2 der Feder c_2 groß sein im Verhältnis zur reduzierten Länge l_1 der Feder c_1 derart, daß die Eigenschwingungszahl der Anordnung $c_2 m_2$ etwa gleich ist der Eigenschwingungszahl von $c_1 m_1$. Wenn die Anordnung $c_1 m_1$ in Resonanz erregt wird, wird infolgedessen auch $c_2 m_2$ in Resonanz erregt, so daß der Größtausschlag ξ_{20} der Masse m_2 groß ist gegenüber ξ_{10}. Da die $c_2 m_2$ erregende Kraft in der Nähe des Knotenpunktes der Anordnung $c_2 m_2$ angreift, haben wir für diese Anordnung bei Resonanzerregung Wegaufpendelung. Um zu einem Beharrungszustand mit endlichen Ausschlägen zu kommen, müssen wir im System $c_2 m_2$ Dämpfung annehmen, die etwa dadurch hervorgerufen werden kann, daß m_2 bei seiner Bewegung relativ zur Masse m_1 eine Reibungskraft R auslöst. Wir nehmen an, die Reibung sei verhältnisgleich der Relativgeschwindigkeit $\dfrac{d(\xi_2 - \xi_1)}{dt}$. Reibungsdämpfer dieser Art werden vielfach zum Abdämpfen der Kurbelwellenschwingungen von Automobilmotoren verwandt[2].

Die Reibung R kann natürlich auch von der Geschwindigkeit $\dfrac{d\xi_2}{dt}$ der Schwingungsmasse m_2 gegen den Erdboden abhängen.

---

[1] H. Thoma hat Anordnungen dieser Art an Spannungsmessern angebracht, um Vibrationen zu verhindern. D. R. P. 378 300.

[2] Siehe J. P. Den Hartog: Int. Kongreß für angew. Mech. Stockholm 1931.

Wir können uns z. B. vorstellen, daß mit dem Fundament d ein Festpunkt verbunden ist, an dem die Masse m_2 reibt. Dieser Fall hat aber praktisch in der Regel geringere Bedeutung, da es gewöhnlich an diesem Festpunkt fehlt. Die Reibung kann ferner durch die Bewegung der Masse m_2 im umgebenden Medium (z. B. in der Luft) hervorgerufen werden, wobei die Reibungskraft verhältnisgleich $\left(\dfrac{d\xi_2}{dt}\right)^2$ ist. Durch entsprechend große Bemessung der Oberfläche von m_2 kann man auch in diesem Fall mitunter genügend starke Reibungswirkungen erzielen. Wir wollen uns aber im nachfolgenden nur mit der ersten Möglichkeit weiter befassen, daß die Reibungskraft verhältnisgleich dem Geschwindigkeitsunterschied zwischen m_1 und m_2 ist.

§ 27. **Der Reibungsdämpfer ohne Resonanz.** Bevor wir den Resonanzdämpfer der Abb. 27 behandeln, wollen wir einen Dämp-

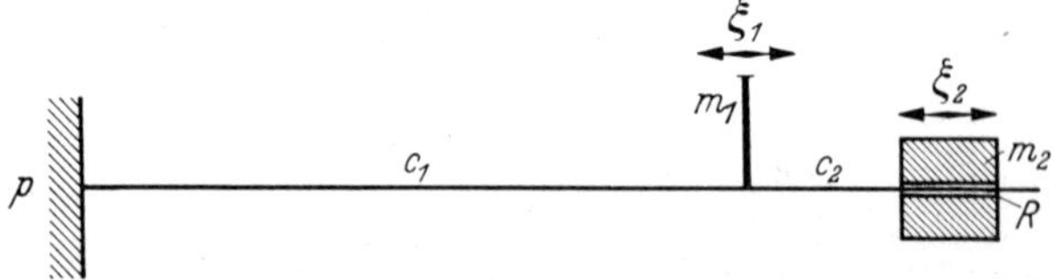

Abb. 28. Anordnung eines Reibungsdämpfers m_2.

fer betrachten, der nicht auf die Eigenschwingungszahl der Anordnung $m_1 c_1$ abgestimmt ist. In Abb. 28 ist c_1 die an einem Ende festgehaltene Feder und m_1 die Schwungmasse. Mit m_1 ist die Stange c_2 verbunden, die die Dämpfermasse m_2 trägt. Bei der Bewegung von m_2 gegen m_1 wird eine Reibungskraft R ausgelöst. Wenn R gleich 0 ist, dann nimmt die Masse m_2 an der Bewegung der Masse m_1 in keiner Weise teil. Der Dämpfer hat keine Wirkung. Ebenso versagt der Dämpfer, wenn die Reibung genügend groß ist: Dann macht m_2 die gleichen Bewegungen wie m_1 ohne Phasenverschiebung mit, die Reibungskraft R legt keinen Weg relativ zur Stange c_2 zurück. Es wird also auch keine Arbeit von der Anordnung $c_2 m_2$ in Wärme umgesetzt.

Wenn aber die Reibungskraft R einerseits nicht null und anderseits kleiner ist als die größte auftretende Beschleunigungskraft, dann findet eine Bewegung zwischen m_1 und m_2 statt, die mit Energieumsetzung verbunden ist. Wir suchen den Wert, den die Reibung annehmen muß, damit die Dämpfungswirkung den größten Wert erhält.

Die Wege der Massen m_1 und m_2 gegen die Ruhelage nennen wir ξ_1 bzw. ξ_2. Wir setzen ferner voraus, daß die Reibungskraft R verhältnisgleich mit der Relativgeschwindigkeit der beiden Massen anwächst und schreiben:

$$R = k\,\frac{d\,(\xi_2 - \xi_1)}{d\,t}\,, \tag{25}$$

k ist der Reibungsfaktor.

Wir nehmen an, die Masse m_1 sei beliebig groß gegenüber der Dämpfermasse m_2, so daß die Eigenschwingungszahl $n_1 = \dfrac{30}{\pi}\sqrt{\dfrac{c_1}{m_1}}$ der Anordnung $c_1\,m_1$ durch das Aufsetzen des Dämpfers nicht beeinflußt wird. Wir setzen ferner:

$$\xi_1 = \xi_{10}\,\cos\omega t\,, \tag{26}$$

darin bedeuten ξ_{10} den Größtausschlag der Masse m_1 und ω die Winkelgeschwindigkeit $\sqrt{\dfrac{c_1}{m_1}}$ der Schwingung.

Die dynamische Grundgleichung für die Masse m_2 lautet:

$$m_2\,\frac{d^2\xi_2}{dt^2} = -\,k\,\frac{d\,(\xi_2 - \xi_1)}{d\,t}\,. \tag{27}$$

Bei der Bewegung wird auf das relative Wegstück $\dfrac{d\,(\xi_2 - \xi_1)}{d\,t}\,dt$ die Arbeit dA umgesetzt, die gleich ist Kraft mal Wegänderung. Während einer vollen Schwingung wird also der Arbeitsbetrag A umgesetzt, den wir gleichsetzen können:

$$A = \int_0^{\frac{2\pi}{\omega}} k\,\frac{d\,(\xi_2 - \xi_1)}{d\,t}\,\frac{d\,(\xi_2 - \xi_1)}{d\,t}\,dt\,. \tag{28}$$

Das Integral ist zu erstrecken von der Zeit 0 bis zur Zeit $T = \dfrac{2\pi}{\omega}$. Wir bezeichnen den Relativweg $\xi_2 - \xi_1$ mit η und die relative Wegänderung $\dfrac{d\eta}{d\,t}$ mit w. Aus Gl. (27) wird dann unter Berücksichtigung von Gl. (26):

$$m_2\,\frac{d\,w}{d\,t} - m_2\,\xi_{10}\,\omega^2\,\cos\omega t + k\,w = 0. \tag{29}$$

Die Lösung dieser Differentialgleichung lautet

$$w = C_1\,\sin\omega t + C_2\,\cos\omega t\,. \tag{30}$$

Die Integrationskonstanten C_1 und C_2 bestimmen wir durch Einsetzen von Gl. (30) in Gl. (29):

$$C_1\,m_2\,\omega\,\cos\omega t - C_2\,m_2\,\omega\,\sin\omega t + C_1\,k\,\sin\omega t$$
$$+\,C_2\,k\,\cos\omega t - m_2\,\xi_{10}\,\omega^2\,\cos\omega t = 0\,. \tag{31}$$

Die Glieder, die $\sin \omega t$ enthalten, und diejenigen, die $\cos \omega t$ enthalten, müssen je für sich zur Befriedigung der Gleichung verschwinden. Daraus folgt

$$C_1 = + \frac{m_2 \omega}{k} C_2 \tag{32}$$

und $\qquad C_2 \left(\frac{m_2{}^2 \omega^2}{k} + k \right) = m_2 \xi_{10} \omega^2; \quad C_2 = \frac{k m_2 \omega^2 \xi_{10}}{m_2{}^2 \omega^2 + k^2}. \tag{33}$

Wir setzen die Werte aus Gl. (32) und (33) in Gl. (30) ein und erhalten:

$$w = \frac{m_2 \omega^2 \xi_{10}}{m_2{}^2 \omega^2 + k^2} \, (k \cos \omega t + m_2 \omega \, \sin \omega t). \tag{34}$$

Nach Gl. (28) wird

$$A = \int_0^{2\pi} \frac{k}{\omega} \, w^2 \, d(\omega t) = \frac{k m_2{}^2 \omega^3 \xi_{10}{}^2}{(m_2{}^2 \omega^2 + k^2)^2} \, (k^2 \pi + m_2{}^2 \omega^2 \pi)$$

$$= \frac{\pi k m_2{}^2 \omega^3}{m_2{}^2 \omega^2 + k^2} \, \xi_{10}{}^2. \tag{35}$$

Um das Maximum an Dämpfungsarbeit, die auf eine Schwingung bei den verschiedenen Werten k umgesetzt wird, zu erhalten, setzen wir $\frac{dA}{dk} = 0$. Der so ausgezeichnete Wert für den Reibungskoeffizienten k_0 ist nach Gl. (35):

$$k_0 = m_2 \omega. \tag{36}$$

Die zugehörige größte umgesetzte Dämpfungsarbeit A_0 ist

$$A_0 = \frac{\pi m_2 \omega^2}{2} \, \xi_{10}{}^2. \tag{37}$$

Wir bezeichnen ferner die Phasenverschiebung zwischen den Bewegungen der Massen m_1 und m_2 mit α und setzen entsprechend Gl. (26):

$$\xi_2 = \xi_{20} \cos(\omega t - \alpha). \tag{38}$$

Wir setzen die Werte aus Gl. (26), (36) und (38) in Gl. (27) ein und erhalten für den Fall der günstigsten Reibung k_0:

$$\xi_{20} \cos(\omega t - \alpha) + \xi_{20} \sin(\omega t - \alpha) = \xi_{10} \sin \omega t. \tag{39}$$

Diese Gleichung ist nur für einen bestimmten Wert α gültig, der zum Wert k_0 gehört. Das Verhältnis der größten Massenwege $\xi_{20} : \xi_{10}$ nennen wir z und schreiben

$$\xi_{20} : \xi_{10} = z = \frac{\sin \omega t}{\cos(\omega t - \alpha) + \sin(\omega t - \alpha)}$$

$$= \frac{\sin \omega t}{\cos \omega t (\cos \alpha - \sin \alpha) + \sin \omega t (\sin \alpha + \cos \alpha)}. \tag{40}$$

Das Verhältnis der Größtausschläge bei günstigster Reibung ist aber unabhängig von $\omega\,t$. Die Gl. (40) kann also nur dann bestehen, wenn α gleich $45°$ gesetzt wird. Dann ist $\sin\alpha = \cos\alpha = \dfrac{1}{\sqrt{2}}$ und:

$$\xi_{20} = \frac{\sqrt{2}}{2}\,\xi_{10} = \frac{\xi_{10}}{\sqrt{2}}\,. \tag{41}$$

Wir kommen also zum Ergebnis, daß wir den Reibungsfaktor k, um möglichst günstige Wirkung zu erzielen, gleich setzen müssen $m_2\,\omega$, mit dem Erfolge, daß wir in diesem Fall den aus Gl. (37) ersichtlichen günstigsten Wert für die umgesetzte Reibungsarbeit erhalten.

Bei der vorstehenden Ableitung fällt auf, daß die günstigste Dämpferwirkung bei einer Phasenverschiebung zwischen den beiden Massenbewegungen von $45°$ erhalten wird, während man sonst die günstigste Dämpferwirkung bei gegebenen Relativwegen der Massen mit $90°$ Phasenverschiebung erhält. Zur Aufklärung der Sachlage wollen wir uns im nachfolgenden nochmals kurz mit den beiden Extremfällen (einerseits $k = 0$, anderseits $k = \infty$) befassen.

Wenn k gleich 0 wird, dann wird die Masse m_2 nicht mitgenommen. Es ist also ξ_2 gleich 0. In diesem Falle können wir also die Phasenverschiebung zwischen ξ_1 und ξ_2 nicht studieren. Wir können aber annehmen, daß k nicht vollständig null, sondern nur sehr klein ist. Es wird dann ein entsprechend kleiner Weg ξ_2 herauskommen, der gegenüber dem Weg ξ_1 um den Winkel α phasenverschoben ist. Die Masse m_2 führt Bewegungen nach Gl. (27) aus. Den Wert von ξ_2 können wir in dieser Gleichung gegen ξ_1 mit Rücksicht auf die beliebig kleine Reibung vernachlässigen. Wir erhalten dann

$$m_2 \cdot \frac{d^2\,\xi_2}{d\,t^2} = \sim + k\,\frac{d\,\xi_1}{d\,t} = \sim - k\,\xi_{10}\,\omega\,\sin\omega\,t. \tag{42}$$

Den Wert des Differentialquotienten haben wir aus Gl. (26) entnommen. Aus Gl. (42) ersehen wir, daß der zweite Differentialquotient von ξ_2 und folglich auch ξ_2 selbst verhältnisgleich mit $\sin\omega\,t$ ist, während ξ_1 nach Gl. (26) verhältnisgleich mit $\cos\omega\,t$ ist. Wir haben also bei entsprechend kleiner Reibung angenähert $90°$ Phasenverschiebung zwischen ξ_1 und ξ_2.

Wir nehmen nun an, daß die Reibungskraft R so groß sein mag, daß die Masse m_2 dieselben Bewegungen ausführt wie die Masse m_1. Das wird z. B. erreicht, wenn der Reibungskoeffizient k unendlich groß ist. Der Weg ξ_2 ist dann stets ebensogroß wie ξ_1

und mit ihm gleich gerichtet. Die Phasenverschiebung α zwischen beiden Bewegungen ist also 0°. Es wird keine Arbeit durch Reibung in Wärme umgesetzt, weil der Weg der beiden Massen relativ zueinander 0 ist.

Im ersten Fall haben wir also zwar einen großen Weg der beiden Massen relativ zueinander. Es ist aber die Reibungskraft 0 und infolgedessen versagt der Dämpfer. Im zweiten Fall ist die Reibungskraft groß, aber der Weg ist 0. Infolgedessen wird auch hier keine Arbeit im Dämpfer umgesetzt. Je mehr wir die Reibung vom Wert 0 anwachsen lassen, desto kleiner wird der zurückgelegte Relativweg. Mit Anwachsen der Reibung geht aber gleichzeitig die Phasenverschiebung, die bei $R = 0$ gleich 90° ist, auf kleinere Werte zurück. Den günstigsten Wert in bezug auf Dämpfung erhalten wir, wenn einerseits die Reibung nicht zu klein ist, aber doch auch nicht so groß, daß der Relativweg der beiden Massen zu klein wird. Dieser Fall wird erreicht, wenn α gleich 45° ist.

§ 28. Reibungsdämpfer unter Ausnutzung der Resonanz[1]. Man kann wesentlich günstigere Dämpfungsergebnisse erzielen, wenn

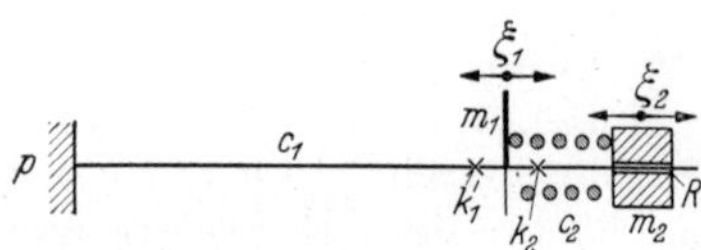

man die Dämpfermasse m_2 mit einer Feder c_2 so mit der Masse m_1 verbindet, daß die Anordnung $c_2\, m_2$ selbst Schwingungen ausführen kann, deren Eigenschwingungszahl etwa gleich ist der Eigenschwingungszahl von $c_1\, m_1$ (Abb. 29). Auch bei dieser Anordnung ist es natürlich wichtig, möglichst viel Schwingungsenergie in dem aufgesetzten Dämpfer, d. h. in der Feder c_2 zu vernichten. Bevor wir diese Energie berechnen, wollen wir aber zuerst jede Reibung in dem schwingenden System vernachlässigen und die beiden möglichen Schwingungsformen 1. und 2. Grades bestimmen, bei denen bei Resonanzerregung besonders große Ausschläge zu erwarten sind.

Abb. 29. Federnde Anordnung $c_1\, m_1$ mit Resonanzdämpfer $c_2\, m_2$.

§ 29. Die Abstimmung des Dämpfers ohne Rücksicht auf die Reibung. Die Anordnung in Abb. 29 hat zwei Eigenschwingungszahlen. Bei der Schwingung vom 2. Grade liegt ein Knotenpunkt k_2 auf der Feder c_2; die Massen m_1 und m_2 schwingen gegeneinander. Außerdem ist natürlich noch der linke Festpunkt p als Knotenpunkt vorhanden. Bei der Schwingung vom 1. Grade liegt der

---

[1] Siehe auch J. P. Den Hartog und J. Ormondroyd: Transactions of the Am. Soc. o. Mech. Eng. 52—13; ferner Hahnkamm: Zamm 1933, S. 183 und L. Geislinger: Ing. Arch. 1934, S. 147.

eine Knotenpunkt außerhalb der Feder c_2, etwa an der Stelle k_1', so daß er bei der Schwingung nicht sichtbar ist. Die Massen m_1 und m_2 schwingen stets nach der gleichen Richtung. Es ist nur ein sichtbarer Knotenpunkt p vorhanden. Die Schwingungen vom 1. und vom 2. Grade haben verschiedene Eigenschwingungszahlen. Der einen Schwingungszahl n des Systems $c_1\,m_1$ entsprechen jetzt zwei Eigenschwingungszahlen n_I und n_II des zusammengesetzten Systems.

Wir beziehen uns auf die schematische Abb. 30, bei der eine Einheitsfeder von der Stärke c_0 zugrunde
gelegt ist. l_1 und l_2 sind die reduzierten Längen der Einheitsfeder, mit
der man die gleichen Federkonstan-
ten c_1 und c_2 erhält wie in Abb. 29.

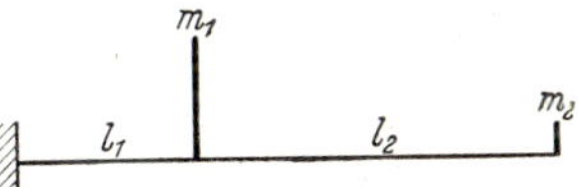

Abb. 30. Schematisches Bild der Schwingungsanordnung $l_1\,m_1$ mit aufgesetztem Resonanzschwingungsdämpfer $l_2\,m_2$.

Nach bekannten Gesetzen[1] kann die Anordnung der Abb. 30 in drei Teilschwingungsanordnungen durch Aufteilung der Masse m_1 und der Länge l_2 zergliedert werden.

$$l_1\,m_{11} = l_{21}\,m_{12} = l_{22}\,m_2. \tag{43}$$

Dabei ist

$$m_1 = m_{11} + m_{12}, \quad l_2 = l_{21} + l_{22}. \tag{44}$$

Wir setzen ferner

$$\lambda = \frac{l_2}{l_1} \tag{45}$$

und teilen die Massen so auf, daß die Gl. (43) und (44) erfüllt sind:

$$l_{21} = \frac{l_2\,m_2}{m_{12} + m_2}, \quad (m_{12} - m_1)(m_{12} + m_2) + \lambda\,m_2\,m_{12} = 0 \tag{46}$$

oder
$$m_{12}^2 + m_{12}(m_2 - m_1 + \lambda\,m_2) = m_1\,m_2.$$

Wir erhalten also zwei Möglichkeiten der Aufteilung der Masse m_1, die den Schwingungen vom 1. und 2. Grade entsprechen. Es ist

$$\left.\begin{aligned}
m_{12} \cdot \ &= \frac{m_1 - m_2 - \lambda\,m_2}{2} \pm \sqrt{\frac{(m_1 - m_2 - \lambda\,m_2)^2}{4} + m_1\,m_2}, \\
(m_{12})_\mathrm{I} &= a \quad - \quad b, \\
(m_{12})_\mathrm{II} &= a \quad + \quad b.
\end{aligned}\right\} \tag{47}$$

Bei der Schwingung 1. Grades schwingen die Massen m_1 und m_2 gleichsinnig, oder der Knotenpunkt liegt außerhalb der Feder l_2. Es ist also die Differenz der Größtausschläge einzusetzen, während

___
[1] Föppl, O.: Grundzüge der technischen Schwingungslehre, 2. Aufl., S. 22.

der relative Weg bei der Schwingung 2. Grades durch das positive Vorzeichen gegeben ist. Es ist $\xi_{10} : \xi_{20} = l_{21} : l_{22} = m_2 : m_{12}$.

Die Federkraft c_2 des reibungsfreien Dämpfers, die gleich ist $\dfrac{c_0}{l_2}$, soll so bestimmt werden, daß gleiche relative Wege $\dfrac{\xi_{20} \mp \xi_{10}}{\xi_{10}}$ von den beiden Massen gegeneinander zurückgelegt werden, damit bei Einsetzen der Reibung angenähert gleiche Schwingungsenergiemengen für die beiden Schwingungsgrade vernichtet werden. Es ist das Verhältnis der Relativwege:

$$\left(\frac{\xi_{20} + \xi_{10}}{\xi_{10}}\right)_{\mathrm{I}} : \left(\frac{\xi_{20} + \xi_{10}}{\xi_{10}}\right)_{\mathrm{II}} = \frac{(m_{12})_{\mathrm{I}} + m_2}{m_2} : \frac{(m_{12})_{\mathrm{II}} + m_2}{m_2}$$

$$= \left(\frac{(l_{22} + l_{21}}{l_{21}}\right)_{\mathrm{I}} : \left(\frac{l_{22} + l_{21}}{l_{21}}\right)_{\mathrm{II}} = -1 \qquad (48)$$

also:
$$(m_{12})_{\mathrm{I}} + m_2 = -(m_{12})_{\mathrm{II}} - m_2. \qquad (49)$$

Es folgt durch Einsetzen aus Gl. (47):

$$a + m_2 = -a - m_2; \quad a = -m_2;$$

$$b = \sqrt{m_2^2 + m_1\, m_2} = m_2 \sqrt{1 + \frac{m_1}{m_2}}. \qquad (50)$$

Aus Gl. (50) entnehmen wir den Wert für a und setzen ihn in den 1. Ausdruck der Gl. (47) ein:

$$m_1 - \lambda_q\, m_2 = -m_2; \quad \lambda_q = \frac{m_1 + m_2}{m_2}. \qquad (51)$$

Das relative Aufpendelungsverhältnis s_q der Massen m_2 und m_1 gegeneinander ist gleich $(\xi_{20} + \xi_{10}) : \xi_{10}$ oder nach Gl. (47, 48 u. 51):

$$\left.\begin{aligned}
s_q &= \frac{(m_{12})_{\mathrm{I}} + m_2}{m_2} = -\frac{-m_2 - m_2\sqrt{\lambda_q} + m_2}{m_2} = \frac{(m_{12})_{\mathrm{II}} + m_2}{m_2} \\
&= \frac{-m_2 + m_2\sqrt{\lambda_q} + m_2}{m_2} = \sqrt{\lambda_q}\,.
\end{aligned}\right\} \qquad (52)$$

Der Index q gibt an, daß nicht ein beliebiges Längenverhältnis λ sondern die besondere Anordnung mit gleichem relativen Aufpendelungsverhältnis gemeint ist.

Für diese Anordnung können wir unter der Annahme, daß die aufgesetzte Dämpfermasse m_2 klein ist gegen die Grundmasse m_1, die Eigenschwingungszahlen 1. u. 2. Grades n_1 und n_2 berechnen. Die Eigenschwingungsfrequenz der Maschine ohne Dämpfer bezeichnen wir mit ω_0. Die Frequenz 1. Grades nach Aufsetzen des Dämpfers ist um $\varDelta\omega$ kleiner und die 2. Grades um $\varDelta\omega$ größer als ω. Es ist

$$\omega \pm \varDelta\omega = \sqrt{\frac{c_0}{m_2\,(l_2 \pm l_{21})}}. \qquad (53)$$

Für m_2 klein gegen m_1 liegen die Knotenpunkte für die Schwingung 1. und 2. Grades in der Nähe von m_1. Es ist deshalb l_{21} klein gegen l_2; folglich ist angenähert nach Gl. (45) u. (51)

$$\omega = \sqrt{\frac{c_0}{m_1 l_1}} = \sim \sqrt{\frac{c_0}{m_2 l_2}}. \qquad (54)$$

Daraus folgt

$$1 \pm \frac{\varDelta \omega}{\omega} = \sim \sqrt{\frac{1}{1 \pm \dfrac{l_{21}}{l_2}}} = \sim \left(1 \mp \frac{l_{21}}{2\,l_2}\right) = \sim \left(1 \mp \frac{1}{2\,s_q}\right) \qquad (55)$$

und

$$\frac{\varDelta \omega}{\omega} = \sim \frac{1}{2\,s_q}; \qquad \varDelta \omega = \frac{\omega}{2\,s_q}. \qquad (56)$$

Gewöhnlich kann die Abweichung $\mp \varDelta\omega$, die man durch Aufsetzen des Dämpfers in der Frequenz gegenüber dem Werte ω ohne Dämpfer erhält, durch Messungen mit dem Geigerschen Torsiographen genau bestimmt werden. Man kann dann mit Hilfe der vorstehenden Gleichungen eine der übrigen Größen, z. B. die reduzierte Dämpfermasse m_2 berechnen.

§ 29a. Zahlenbeispiele. Die vorstehende Berechnung des Dämpfers soll an zwei Zahlenbeispielen erläutert werden, die der Praxis entnommen sind. Es wird einmal ein Verhältnis der reduzierten Kurbelmassen m_1 zur Dämpfermasse m_2 gleich 4 : 1 zugrunde gelegt (Abb. 31), das in der Praxis nur bei den Dämpfern der Flugzeugmotoren erreicht wird. Im zweiten Falle (Abb. 32) wird ein Massenverhältnis $m_1 : m_2$ gleich 100 angenommen, das den in der Praxis bei stationären Dieselmaschinen auftretenden Verhältnissen der Größenanordnung nach etwa entspricht. Das Verhältnis λ_q der beiden Federn l_2 und l_1 wird mit Hilfe von Gl. (51) und (52) so berechnet, daß die relativen Wege der Massen gegeneinander bei der Schwingung 1. Grades gerade so groß sind wie bei der Schwingung 2. Grades, wenn man in beiden Fällen gleichen Ausschlag ξ_{10} zugrunde legt. Die Unterteilung der beiden Anordnungen in die Produkte $l_1 m_{11} = m_{12} l_{21} = l_{22} m_2$ folgt dann in bekannter Weise:

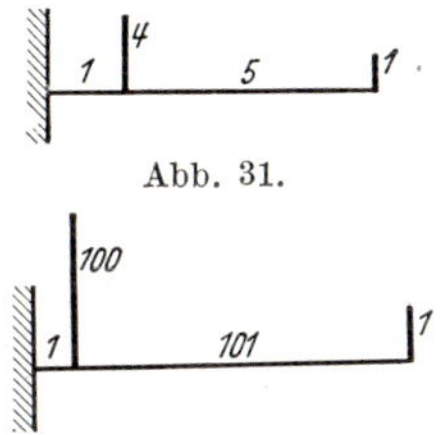

Abb. 31.

Abb. 32.

Abb. 31 u. 32.
Schwingungsanordnungen
mit aufgesetztem
Resonanzdämpfer.

1. Fall: $1 \cdot 7{,}23 = (-3{,}23) \cdot (-2{,}23) = 7{,}23 \cdot 1$ (I) $s_q = 2{,}24$
$m_2 = 0{,}25\,m_1$ $1 \cdot 2{,}76 = 1{,}24 \cdot 2{,}24 = 2{,}76 \cdot 1$ (II)

2. Fall: $1 \cdot 111 = (-11)\,(-10{,}1) = 111 \cdot 1$ (I) $s_q = 10{,}05$
$m_2 = 0{,}01\,m_1$ $1 \cdot 90{,}9 = 9{,}09 \cdot 10{,}03 = 90{,}97 \cdot 1$ (II)

In der Praxis hat man zuerst die reduzierte Masse m_1 und die Federkonstante $c_1 = \dfrac{c_0}{l_1}$ des zu dämpfenden Systems zu bestimmen. Dann nimmt man die Masse m_2 des Dämpfers auf Grund von Erfahrungen an (z. B. $m_2 = 0{,}01\,m_1$) und berechnet mit Hilfe der Gl. (51) das Federungsverhältnis $\lambda_q = \dfrac{l_2}{l_1}$ und daraus l_2. In den beiden Beispielsfällen ist $\lambda_q = 5$ bzw. 101. Für diese Anordnung werden wir noch in § 30 die Reibung, d. h. die Dämpfung in der Feder c_2 berücksichtigen. Der Dämpfungsfaktor k_0 soll dabei so groß gemacht werden, daß die in der Feder in Wärme umgesetzte Arbeit möglichst groß wird[1].

§ 30. Das Vektordiagramm für den Resonanzschwingungsdämpfer unter Berücksichtigung der Reibung. Wir legen jetzt die gleiche Anordnung Abb. 29 zugrunde und nehmen an, daß die Bewegung der Masse m_2 relativ zur Masse m_1 mit einer Reibungskraft verbunden ist, deren Größe in jedem Augenblick verhältnisgleich der Relativgeschwindigkeit der Massen zueinander ist. Es treten zwei wesentlich voneinander verschiedene Arten von Kräften auf: erstens die Federkraft, die in der äußersten Schwingungslage am größten ist, also dann, wenn die Feder in ihrer äußersten Lage ist, und zweitens die Reibungskraft, die bei der Bewegungsumkehr Null ist und die dann ihren Größtwert hat, wenn die Relativgeschwindigkeit $\dfrac{d\,(\xi_2 - \xi_1)}{dt} = \dfrac{d\,\xi_r}{dt}$ der beiden Massen gegeneinander am größten oder wenn die Feder c_2 spannungsfrei ist. Wir wollen in bekannter Weise die Kräfte und Federausschläge an einem Vektordiagramm untersuchen, wobei der Vektor mit der Frequenz der Schwingung umläuft und die Projektion die augenblickliche Schwingungslage angibt.

In Abb. 33 ist ein Vektordiagramm wiedergegeben, in dem die Vektoren ξ_{ro} und ξ_{10} eingetragen sind. Die Indizes Null geben an, daß die Größtwerte gemeint sind. Das Vektordiagramm dreht sich mit der Winkelgeschwindigkeit ω. Die augenblicklichen Werte ξ_r und ξ_1 erhält man durch Projektion der Vektoren auf die Vertikale. Die Zeit $t = 0$ falle zusammen mit $\xi_r = 0$, so daß $\xi_r = \xi_{ro} \cdot \sin \omega t$ ist.

Infolge der Reibung wirken die Massen m_1 und m_2 aufeinander mit einer Kraft, die gleich ist $k\,\omega\,\xi_{ro} \cos \omega t$ und deren Vektor auf dem Vektor ξ_{ro} senkrecht steht (Abb. 33). Wir zerlegen die Vektoren in Abb. 33 in eine Bewegung A, die mit ξ_{ro} gleichphasig ist, und in eine Bewegung B, die um $90°$ gegen A phasenversetzt ist.

---

[1] Siehe § 27.

Den Größtausschlag ξ_{10} der Masse m_1 zerlegen wir entsprechend in die beiden Komponenten ξ_{110} und ξ_{120}, von denen ξ_{110} in Richtung der Bewegung A und ξ_{120} in Richtung B liegt. ξ_{20} ist ebenfalls in die beiden Komponenten ξ_{210} in Richtung der Bewegung A und ξ_{220} in Richtung der Bewegung B zerlegt worden.

Wir betrachten den Be-
harrungszustand, der bei
einer bestimmten Reibung
an der Schwingungsanord-
nung nach Abb. 29 auftritt.
Im Beharrungszustand sind
die dynamischen Grund-
gleichungen für die Bewe-
gungen A und B je für sich
erfüllt. Wir könenn also je
zwei Gleichungen für die
Massen m_1 und m_2 nach den

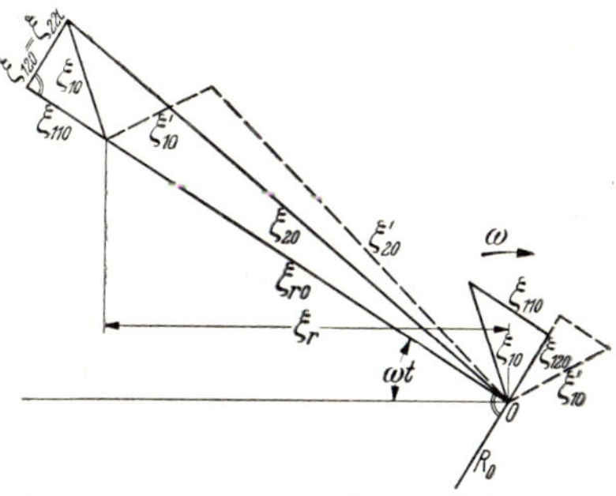
Abb. 33. Vektordiagramm für eine Schwingungs-
anordnung mit aufgesetztem Dämpfer.

beiden Richtungen A und B aufstellen, bei denen die Kräfte gleich den Massen mal auftretenden Beschleunigungen gesetzt werden.

Wir beachten, daß der Größtwert der Beschleunigung $\dfrac{d^2\xi_r}{dt^2}$ gleich $\xi_{ro}\,\omega^2$ und der Größtwert der Reibungskraft $k\,\dfrac{d\xi_r}{dt}$ gleich $k\omega\xi_{ro}$ ist und erhalten für die Masse m_2:

$$m_2\,(\xi_{ro} \pm \xi_{110})\,\omega^2 - c_2\,\xi_{ro} = 0 \quad \text{(Bewegung } A\text{)} \tag{57}$$

$$m_2\,\xi_{120}\,\omega^2 - k\,\xi_{ro}\,\omega = 0 \quad \text{(Bewegung } B\text{)} \tag{58}$$

und für die Masse m_1:

$$m_1\,\xi_{110}\,\omega^2 - c_1\xi_{110} \pm c_2\,\xi_{ro} - P_{10} = 0 \quad \text{(Bewegung } A\text{)} \tag{59}$$

$$m_1\,\xi_{120}\,\omega^2 - c_1\,\xi_{120} - k\,\xi_{ro}\,\omega + P_{20} = 0 \quad \text{(Bewegung } B\text{)} \tag{60}$$

Gl. (57) bezieht sich auf die Masse m_2, deren Größtweg in Richtung A gleich $\xi_{ro} \pm \xi_{110}$ ist. Positives oder negatives Vorzeichen gilt, wenn die Erregung ω eine langsamere bzw. raschere Frequenz hat als $\omega_2 = \sqrt{\dfrac{c_2}{m_2}}$. Die Federkraft, herrührend von der Feder c_2, ist verhältnisgleich mit ξ_r. Die Bewegung B der Masse m_2 (Gl. 58) folgt aus $\xi_{120} \cdot \cos \omega t$. In dieser Richtung wirkt die von der Reibung herrührende Kraft, die gleich $\xi_{ro}\,k\,\omega\ \cos \omega t$ ist.

An der Masse m_1 greift sowohl die Federkraft c_1, die verhältnisgleich ξ_{110} bzw. ξ_{120} ist, als auch die Federkraft c_2 an. Der Ausdruck $c_2\,\xi_{ro}$ tritt nur bei der Bewegung A auf Gl. (59), während

die von der Reibung herrührende Kraft nur die Bewegung B beeinflußt Gl. (60). Endlich ist in den (Gl. 59) und (60) noch die äußere Kraft P zu berücksichtigen, die in die beiden Komponenten P_{10} und P_{20} zerlegt ist.

Mit Hilfe der Gl. (57—60) kann man für einen bestimmten Fall den Beharrungszustand der Schwingungsanordnung unter dem Einfluß der periodischen Kraft P berechnen. Man nimmt zu diesem Zwecke einen größten Relativausschlag ξ_{ro} an, der durch eine Kraft P von unbekannter Größe erhalten wird. Die Kraft P tritt mit einer gegebenen Frequenz ω auf. Wenn außerdem der Reibungsbeiwert k gegeben ist, können wir mit Hilfe von Gl. (58) die zugehörige Wegkomponente ξ_{120} und mit Hilfe von Gl. (57) die Wegkomponente ξ_{110} berechnen. Es folgt also aus den gemachten Annahmen (ω, k und ξ_{ro}) der Ausschlag ξ_{10} der Masse m_1. Mit Hilfe von Gl. (59) können wir die Kraftkomponente P_{10} berechnen, die in Richtung der Bewegung A fällt, die also aufgewendet werden muß, um der dämpfungsfreien Schwingungsanordnung $c_1 m_1$, $c_2 m_2$ die besondere Periode ω der Kraft P aufzuzwingen. Mit Hilfe von Gl. (60) kann man endlich die Kraftkomponente P_{20} berechnen, die in Richtung der Bewegung B fällt und je Schwingung die Arbeit $\pi \cdot P_{20} \cdot \xi_{110}$ an die schwingende Bewegung abgibt. Der gleiche Arbeitsbetrag wird durch die Reibung in der Feder c_2 umgesetzt.

Wir zeichnen nun das gleiche Vektordiagramm Abb. 33 für verschiedene Reibungsfaktoren k auf. Bei konstantem ξ_{ro} und ω ist der Ausschlag ξ_{120} nach Gl. (58) verhältnisgleich mit k. Die durch Reibung R (Abb. 29) in Wärme umgesetzte Arbeitsmenge ist aber verhältnisgleich Größtkraft P_{20} mal Größtweg ξ_{110}, d. h. verhältnisgleich $\xi_{120} \cdot \xi_{110}$, da die Größtkraft P_{20} nach Einsetzen des Wertes für $k\,\xi_{ro}\,\omega$ aus Gl. (58) in Gl. (60) verhältnisgleich mit ξ_{120} anwächst. Bei der Aufzeichnung der Diagramme mit verschiedenem k erhalten wir verschiedene Größen für ξ_{10}. Wir wollen aber diejenige Arbeit bestimmen, die für einen bestimmten Wert ξ_{10} in der Feder umgesetzt wird. Wir müssen deshalb die für die verschiedenen Werke k erhaltenen Diagramme auf gleiche Werte ξ_{10} reduzieren, was durch Veränderung des Maßstabs geschehen kann. Wenn wir aber alle Längen in Abb. 33 im gleichen Verhältnis verändern, so ändern wir mit dem Quadrate des Längenmaßstabs die umgesetzte Arbeit. Auf gleiches ξ_{10} bezogen wird demnach der Reibungsfaktor k den günstigsten Wert liefern, für den $\dfrac{\xi_{120}}{\xi_{10}^2}$ den größten Wert hat. Da der Wert von ξ_{110} nach Gl. (57) unabhängig von k ist, wird das Maximum der umgesetzten Reibungsarbeit erhalten, wenn ξ_{120} um $45°$ gegen ξ_{10} versetzt oder ξ_{120} gleich ξ_{110} ist. Wir haben also das Ergebnis erhalten, daß die größte Schwingungsenergie bei gegebener Erregerfrequenz ω und gegebenen Größtausschlag ξ_{10} der Masse m_1 für jene Reibung k in der Feder c_2 umgesetzt wird, für die der Größtausschlag ξ_{10} der Masse m_1 um $45°$ bzw. um $135°$ dem größten Relativausschlag ξ_{ro} vorauseilt.

Diese Betrachtung gilt für jede beliebige Erregerfrequenz ω. Besonders gefährlich sind die Erregerfrequenzen, die mit den beiden Eigenschwingungszahlen der Anordnung angenähert zusammen fallen. Für diese beiden ausgezeichneten Erregerfrequenzen kann man die günstigsten Reibungsfaktoren k_0 berechnen. Da man für die Schwingungsanordnung ja einen ganz bestimmten Reibungsfaktor zugrunde legen muß, wird man etwa den Mittelwert zwischen diesen beiden Werten k_0 als den günstigsten für die Gesamtanordnung ansehen.

Gegen die vorausgehenden Ausführungen kann man mit Recht einwenden, daß im praktischen Fall nicht der Ausschlag ξ_{10} gegeben ist und daß deshalb nicht für konstantes ξ_{10} möglichst viel Schwingungsenergie in der Kurbelwelle vernichtet werden muß. Besonders deutlich tritt dieser Mangel in die Erscheinung, wenn man die Wirkung einer Kraft untersucht, die im Tempo der Eigenschwingungszahl $c_2 m_2$ auftritt $\left(\omega = \sqrt{\dfrac{c_2}{m_2}}\right)$. Für $\xi_{110} = \xi_{120}$ folgt aus den Gl. (57) u. (58), daß $\xi_{110} = 0$ ist. Man kann für einen reibungsfreien Dämpfer beliebig starke Aufschaukelung annehmen, wobei die erregende Kraft P_{10} die Gegenkraft für die Feder hergibt. ξ_{ro} ist in diesem Falle also für ein gegebenes ξ_{10} unendlich groß. Es ist aber auch eine unendlich große Kraft P_{10} nötig, um die Schwingung aufrecht zu erhalten.

Man kann im Gegensatz zur vorausgehenden Annahme den günstigsten Reibungsfaktor k suchen, der zu einer gegebenen Größtkraft P_0 bei einer ebenfalls gegebenen Schwingungsfrequenz ω zugehört. Aber auch diese Betrachtung versagt, wenn man annimmt, daß die äußere Kraft P_1 im Tempo der Eigenschwingungszahl ω_1 oder ω_2 auftritt. In diesem Fall ist $P_{10} = 0$, da ja zur Aufrechterhaltung der Bewegung A keine äußere Kraft zugefügt zu werden braucht. Die Schwingungsenergie A ist gleich

$$A = \pi P_{20} \xi_{110} = \pi k \xi_{ro}^2 \omega. \tag{61}$$

Aus Gl. (58) folgt ferner

$$\xi_{120} = \frac{\pi k \xi_{ro}^2 \omega}{m_2 \omega}. \tag{62}$$

Aus den Gl. (60) und (62) folgt

$$P_{20} = \frac{k\,\xi_{ro}}{m_2\,\omega}\,(c_1 - m_1\,\omega^2 + m_2\,\omega^2)\,. \tag{63}$$

Dieser Wert in Gl. (61) eingesetzt gibt

$$A = \frac{\pi\,m_2^2\,\omega^3\,P_{20}^2}{k\,(c_1 - m_1\,\omega^2 + m_2\,\omega^2)^2}\,. \tag{64}$$

Bei gegebener Größe P_{20} wird A nach Gl. (64) unendlich groß, wenn $k = 0$ wird. Nach Gl. (63) gehört zu diesem Wert ein unendlich großer Relativweg ξ_{ro}. Man sieht also, daß auch die Annahme $P_0 =$ konstant nicht restlos befriedigt.

Noch unbefriedigender für die Praxis ist endlich die von Hahnkamm[1] in einem ähnlichen Fall gemachte Annahme, daß die Reibung so groß gewählt werden soll, daß der Schwingungsausschlag an einem ausgezeichneten Punkt im Beharrungszustand ein Minimum werden soll. Man muß bei dieser Annahme ω verändern und erhält deshalb die für den praktischen Fall so unbefriedigende Voraussetzung mit in die Betrachtung, daß die Dämpfungskraft verhältnisgleich mit der Winkelgeschwindigkeit der Schwingung zunehmen soll. Im vorausgehenden Falle ist dagegen das günstigste k_0 für konstantes ω ermittelt worden, so daß die unbefriedigende Annahme über die Beziehung zwischen ω und Reibungskraft ohne Einfluß auf den Maximalwert ist.

Die im Dämpfer je Schwingung umgesetzte Dämpfungsarbeit ist bei $\xi_{120} = \xi_{110} = \dfrac{\xi_{10}}{\sqrt{2}}$ nach Gl. (61) und (62):

$$A_{m\,x} = \pi\,m_2\,\omega^2\,\xi_{120}\,\xi_{ro} = \pi\,m_2\,\omega^2\,\frac{\xi_{ro}}{\xi_{110}}\cdot\frac{\xi_{10}^2}{2} = \frac{\pi\,m_2\,\omega^2}{2}\,\xi_{10}^2\cdot s\,. \tag{65}$$

Ein Vergleich mit Gl. (37) zeigt, daß die Wirkung des auf Resonanz mit günstigstem Dämpfungswert k abgestimmten Dämpfers gerade so groß ist, wie ein nicht auf Resonanz abgestimmter Dämpfer mit einer im Verhältnis der relativen Aufpendelung $s = \dfrac{\xi_{ro}}{\xi_{110}}$ größeren Schwungmasse.

§ 31. Die im Dämpfer umgesetzte Schwingungsenergie. Wir setzen voraus, der Dämpfer sei nach § 29 richtig abgestimmt. Die im Dämpfer bei Resonanzerregung umgesetzte Arbeit A_0 ist nach Gl. (65) $A_0 = \pi\,c_2\,\xi_{ro}\,\dfrac{\xi_{10}}{\sqrt{2}}$, wobei für $m_2\,\omega^2$ gleich c_2 gesetzt ist.

Wenn man eine torsiographische Messung an der Maschine und an

---

[1] Hahnkamm: Ing.-Arch. 1934, S. 169.

der Kurbelwelle ausführt, so kann man den größten Winkelausschlag ξ_{10} der Kurbelwelle und den größten Winkelausschlag ξ_{20} des freien Dämpferendes, der angenähert gleich ξ_{ro} ist, leicht bestimmen. Das Rückstellmoment c_2 des Dämpfers folgt aus den Abmessungen des Gummizylinders und dem Gleitmodul G, der bei den bisher zum Dämpferbau verwendeten Gummisorten in der Regel 7—8 kg/cm² betragen hat. Bei Schiffsdieselmaschinen kann man im allgemeinen mit einer relativen Aufpendelung

$$z = \xi_{ro} : \xi_{10} = 10$$

rechnen, so daß man also für ein gegebenes ξ_{10} die im Dämpfer umgesetzte Arbeit angeben könnte. Es ist aber gewöhnlich nur das ξ_{10} bekannt, das das Kurbelwellenende vor Einbau des Dämpfers ausführt. Man weiß nicht, um wieviel ξ_{10} durch den Einbau des Dämpfers verringert wird.

Auch ohne Dämpfer wird Schwingungsenergie in der Maschine umgesetzt und zwar schaukelt sich die Kurbelwellenschwingung bei Resonanz so lange auf, bis die von den äußeren Impulsen eingeleitete Energie als Schwingungsenergie im Getriebe in Wärme umgesetzt wird. Sobald der Dämpfer aufgesetzt ist, verteilt sich die Energieumsetzung auf Maschinengetriebe und Dämpfer. Über die Veränderlichkeit des Anteils, der im Getriebe vernichtet wird, liegen wenige Angaben in der Literatur vor. Es kann deshalb sein, daß die von uns im nachfolgenden gemachten Annahmen bei einer Nachkontrolle entsprechend berichtigt werden müssen.

Wir setzen $R = R_0 \cdot \cos \omega t$, wobei R_0 die größte Reibungskraft ist, die bei der größten während einer Umdrehung auftretenden Geschwindigkeit vorhanden ist. Wir nehmen an, daß die Dämpfungskraft R in der Maschine verhältnisgleich mit der Geschwindigkeit wächst. Wenn der Schwingungsausschlag der Kurbelwelle anwächst, so wächst, da die minutliche Schwingungszahl n unverändert bleiben soll, im gleichen Verhältnis auch die Reibungskraft R_0 an. Die Dämpfungsarbeit ist aber verhältnisgleich Kraft mal Weg. Sie wächst also mit dem Quadrate des Schwingungsausschlags an.

Wir haben ferner eine Annahme über den verhältnismäßigen Anteil der Schwingungsdämpfung bei einem bestimmten Schwingungsausschlag zu machen (z. B. bei einem Schwingungsausschlag $\pm 1,5°$ werden 2% der Maschinenleistung als Schwingungsenergie in der Maschine vernichtet). Wir können die Maschinendämpfung angeben, die zu einem Schwingungsausschlag gehört, der infolge des Aufsetzens eines Dämpfers entsprechend verringert worden ist (z. B. auf $\pm 1°$).

Wir haben nun über die Dämpfungsarbeit Angaben zu machen,

die im Dämpfer bei einem bestimmten Auschlags des Einspannendes umgesetzt wird. Der Ausschlag des Einspannendes ist gleich dem Ausschlag des Kurbelwellenendes (also etwa $\pm 1°$). Wenn wir Gummi als dämpfende Masse verwenden, so sind wir in der angenehmen Lage festzustellen, daß die verhältnismäßige Dämpfung ψ für Gummi in einem weiten Gebiet ziemlich unabhängig von der Beanspruchung ist (bei den vom Wöhler-Institut für den Dämpferbau verwendeten Gummi kann man ungefähr einen Koeffizienten $\psi = 0,35$ zugrunde legen). Unter ψ verstehen wir das Verhältnis der im Beharrungszustand je Schwingung im Dämpfer durch Werkstoffdämpfung umgesetzten Arbeit zur Schwingungsenergie, die in der äußersten Lage als Formänderungsenergie im Dämpfer aufgespeichert ist. Wenn ψ konstant ist, folgt daraus, daß die Dämpfungsarbeit, die je Schwingung im Gummizylinder umgesetzt wird, verhältnisgleich mit dem Quadrate des Ausschlags anwächst, weil die Formänderungsenergie verhältnisgleich zum Quadrate der Formänderungen steht.

Endlich haben wir noch festzustellen, daß die von dem Kolben auf die Kurbelwelle abgegebene Schwingungsenergie verhältnisgleich mit den Schwingungsausschlägen der Kurbelwelle anwächst. Die Kräfte, die in den Zylindern auf die Kolben übertragen werden, sind unabhängig von den Schwingungsausschlägen. Da die eingeleitete Schwingungsenergie verhältnisgleich Kraft mal Weg ist, wächst sie also im gleichen Verhältnis wie die Schwingungsausschläge an.

§ 32. Berechnung der Dämpferwirkung. Mit den vorstehenden Annahmen können wir die Wirkung berechnen, die mit dem Anbringen eines Dämpfers an einer Maschine verbunden ist. Es muß uns nur die Schwingungsenergie und der Winkelausschlag der Maschine ohne Dämpfer bekannt sein sowie die Schwingungsenergie, die bei einem bestimmten Ausschlag (z. B. $\pm 1°$) im Dämpfer umgesetzt wird. Den letzteren Betrag können wir dann berechnen, wenn das Aufpendelungsverhältnis z des Dämpfers (d. h. der Ausschlag des freien Endes gegen Einspannende) und die verhältnismäßige Dämpfung ψ des Werkstoffes bekannt sind.

Der Gang der Rechnung soll an einem Beispiel gezeigt werden: Wir nehmen an, eine Dieselmaschine von 3000 PS führe im Beharrungszustand ohne Dämpfer Schwingungsausschläge von $\pm 2°$ des Kurbelwellenendes aus, wobei die zugehörige Schwingungsenergie, die nach Geiger[1] 1 bis 3 % der Maschinenleistung ist, im vorliegenden Fall 30 PS betragen mag. Auf Grund eines prak-

---

[1] Geiger, J.: Mechanische Schwingungen. Berlin 1927.

tischen Versuches machen wir ferner für das Beispiel die Angabe, daß das Aufpendelungsverhältnis s des reibungsfreien Dämpfers $6,6\sqrt{2} = 9,3$ beträgt. Aus dem Gleitmodul des Gummis und den Abmessungen des Zylinders berechnen wir, daß am Wellenende bei einem Ausschlag von $\pm 1°$ ein Moment von 290 mkg vom Dämpfer auf die Kurbelwelle mit 45° Phasenverschiebung übertragen wird. Bei einer Eigenschwingungszahl der Kurbelwelle von 2500 Schw./Min. folgt daraus eine Energievernichtung von 6,5 PS bei $\pm 1°$ Kurbelwellenausschlag.

Wenn wir den Dämpfer auf die Kurbelwelle setzen, so bekommen wir Beharrungszustand mit einem Ausschlag von beispielsweise $\pm 1,1°$. Die von den Kolbenkräften eingeleitete Schwingungsenergie, die verhältnisgleich diesen Kräften mal den Winkelwegen ist, ist dann gleich $30\,\dfrac{1,1}{2} = 16,5$ PS. Im Dämpfer werden $6,5 \cdot 1,1^2 = 7,5$ PS umgesetzt, in der Maschine $30 \cdot \dfrac{1,1^2}{2^2} = 9$ PS. Die schwingungsdämpfenden Reibungskräfte in der Maschine sind verhältnisgleich den Schwingungsgeschwindigkeiten, die umgesetzte Arbeit ist also verhältnisgleich dem Quadrat des größten Schwingungsausschlags.

Die Rechnung zeigt uns also, daß die Maschine nach dem Einbau des Dämpfers eine um $30 - 16,5 = 13,5$ PS größere Nutzleistung bei gleichem Brennstoffverbrauch hergibt. Es ist nicht nur eine Frage der Betriebssicherheit, sondern auch der Ökonomie, die dazu zwingen wird, größere Maschinen mit Schwingungsdämpfern auszurüsten.

Eine allgemeine Gleichung für die Berechnung des Kurbelwellenausschlags x in Graden nach Einbau des Dämpfers können wir in folgender Weise anschreiben: Es sei α der Kurbelwellenausschlag in Graden vor Einbau des Dämpfers, N_M die dem Maschinengetriebe zugeführte Schwingungsenergie, die zum Kurbelwellenausschlag 1° gehört und N_D die im Dämpfer bei 1° Kurbelwellenausschlag umgesetzte Dämpferleistung, die bei der im Betrieb zu erwartenden Aufpendelung z auftritt. Dann ist

$$N_M\, x = N_D\, x^2 + \frac{\alpha\, N_M}{\alpha^2}\, x^2. \tag{66}$$

Das erste Glied $N_M x$ ist die von den Kolbenkräften eingeleitete Schwingungsenergie. Sie ist verhältnisgleich dem Weg x; αN_M ist die in der Kurbelwelle vernichtete Arbeit ohne Dämpfer. Wenn man diesen Betrag mit $\dfrac{x^2}{\alpha^2}$ multipliziert, erhält man die in der Kurbelwelle nach Aufsetzen des Dämpfers vernichtete Arbeit.

Aus Gl. (66) folgt der Kurbelwellenausschlag x in Graden bei aufgesetztem Dämpfer zu

$$x = \frac{N_M}{N_D + \dfrac{N_M}{\alpha}}. \tag{67}$$

Hätten wir z. B. an die gleiche vorhin als Beispiel behandelte Maschine einen größeren Dämpfer angebracht mit einer Energievernichtung $N_D = 14\,\text{PS}$ (statt 6,5 PS) bei $1°$ Erregerausschlag, so hätten wir nach Gl. (67) einen Größtausschlag $x = 0,7°$ nach Einbau des Dämpfers erhalten. Dabei ist für N_M in Gl. (67) der Wert $\dfrac{30}{2}$ $= 15$ eingesetzt worden, da $\alpha\,N_M$ gleich 30 PS ist. Die im Dämpfer in Wärme umgesetzte Energie $0,7^2 \cdot N_D$ wäre mit 6,9 PS dabei kleiner als die Energieumsetzung in dem zuerst behandelten kleineren Dämpfer. Erst recht wäre die in der Maschine umgesetzte Arbeit mit

$$30 \cdot \frac{0,7^2}{2^2} = 3,7\ \text{PS}$$

geringer als im vorausgehend behandelten Rechenbeispiel. Mit der Veränderung der verschiedenen Größen bei verschiedenen Dämpfern befassen wir uns im nachfolgenden.

§ 33. Folgerungen aus der Ähnlichkeitsbetrachtung. Nach Gl. (66) ist

$$N_D\,x^2 = N_M\,x\left(1 - \frac{\alpha\,x}{\alpha^2}\right). \tag{67a}$$

Wir sehen, daß die meiste Energie im Dämpfer umgesetzt wird, wenn der Kurbelwellenausschlag x durch das Aufsetzen des Dämpfers auf die Hälfte $\left(\text{also } x = \dfrac{\alpha}{2}\right)$ heruntergedrückt wird. In diesem Falle geht die Schwingungsenergie $N_M\,x$ auf die Hälfte zurück, wobei die eine Hälfte $\alpha\,N_M\,\dfrac{x^2}{\alpha^2}$ auf die Dämpfung im Getriebe und die andere Hälfte $N_D\,x^2$ auf die Dämpfung im Dämpfer entfällt. Die im Schwingungsdämpfer umgesetzte Dämpfungsarbeit ist also maximal gleich ein Viertel der Schwingungsarbeit, die ohne Dämpfer in der Maschine vernichtet wird.

Der so berechnete Dämpfer ist aber nicht der günstigste Dämpfer, da ja nicht die Aufgabe gestellt ist, möglichst viel Energie im Dämpfer umzusetzen. Der Dämpfer soll vielmehr so gebaut werden, daß der Schwingungsausschlag der Kurbelwelle möglichst weit erniedrigt wird. Dadurch, daß man den Dämpfer weiter vergrößert, erreicht man trotz Verringerung der Dämpferleistung eine

Verringerung des Kurbelwellenausschlags und damit eine günstigere Wirkung.

Wir nehmen an, es sei ein Dämpfer so berechnet, daß in ihm die größte Leistung nach den vorausgehenden Überlegungen umgesetzt wird. Wir bezeichnen den Durchmesser dieses Dämpfers mit d_0, den in Grad gemessenen Kurbelwellenausschlag nach Aufsetzen dieses Dämpfers mit x_0 und die größte Schubspannung mit τ_0. Wir setzen ferner voraus, daß der Gummizylinder ohne Bohrung ausgeführt sei, so daß also das Widerstandsmoment der Querschnittsfläche gegen Verdrehen gleich $\dfrac{\pi\,d_0^3}{16}$ ist. Wir berechnen die Wirkung eines Dämpfers, der einen um 20% (30 bzw. 40%) größeren Durchmesser hat. Im übrigen sei dieser Dämpfer natürlich auf die gleiche Eigenschwingungszahl abgestimmt, er habe also die gleiche Länge; er sei ferner aus derselben Gummimasse hergestellt, die die gleiche verhältnismäßige Dämpfung ψ (etwa 0,35) aufzuweisen habe. Für den Vergleichsdämpfer benutzen wir die gleichen Bezeichnungen aber ohne Index 0.

Die größte Beanspruchung im Dämpfer ist einerseits verhältnisgleich dem Durchmesser und andererseits verhältnisgleich dem Dämpferausschlag. Da bei gleicher verhältnismäßiger Dämpfung ψ im Beharrungszustand auch gleiche relative Aufpendelung z auftritt, ist der Dämpferausschlag verhältnisgleich dem Kurbelwellenausschlag x. Es ist also

$$\tau : \tau_0 = \frac{x}{x_0}\frac{d}{d_0} = 1,2\ (1,3\ \text{bzw.}\ 1,4)\,\frac{x}{x_0}. \tag{68}$$

Das im Dämpfer übertragene Moment, das auf die Kurbelwelle zurückwirkt, ist verhältnisgleich der größten Schubspannung mal Widerstandsmoment, oder unter Berücksichtigung von Gl. (68):

$$M : M_0 = \frac{\tau}{\tau_0}\frac{d^3}{d_0^3} = 2,07\ (2,85\ \text{bzw.}\ 3,84)\,\frac{x}{x_0}. \tag{69}$$

Die im Dämpfer in Wärme umgesetzte Schwingungsleistung wächst verhältnisgleich mit x^2 an. Wir bezeichnen mit N_D die Arbeit, die bei 1° Schwingungsausschlag der Kurbelwelle auf eine Schwingung im Dämpfer in Wärme umgesetzt wird, die also gleich ist der im Dämpfer aufgespeicherten Formänderungsarbeit in der äußersten Lage bei 1° Kurbelwellenausschlag und z-facher Aufpendelung mal verhältnismäßiger Dämpfung ψ. Dann ist die im Dämpfer je Schwingung vernichtete Leistung gleich $N_D \cdot x^2$. Diese Arbeit ist bei 45° Phasenverschiebung gleich $\dfrac{\pi}{\sqrt{2}} \cdot M \cdot x$; sie ist also verhältnisgleich mit $M \cdot x$.

$$N_D \, x^2 : N_{D0} \, x_0^2 = \frac{M}{M_0} \, \frac{x}{x_0} = 2{,}07 \, (2{,}85 \text{ bzw. } 3{,}84) \, \frac{x^2}{x_0^2} \, . \qquad (70)$$

Diesen Wert können wir in die Gl. (67) einsetzen und erhalten das Ausschlagverhältnis unter Berücksichtigung von Gl. (70):

$$\left. x : x_0 = \frac{N_{D0} + \dfrac{N_M}{\alpha}}{N_D + \dfrac{N_M}{\alpha}} = \frac{2 \, N_{D0}}{N_D + N_{D0}} = \frac{2 \, N_{D0}}{3{,}07 \, (3{,}85 \text{ bzw. } 4{,}84) \, N_{D0}} \atop = 0{,}651 \, (0{,}520 \text{ bzw. } 0{,}414). \right\} \quad (71)$$

In der Gl. (71) ist berücksichtigt, daß der Ausgangsdämpfer so bemessen sein soll, daß in ihm ebenso viel Energie vernichtet wird wie im Getriebe. Nach Gl. (66) ist deshalb $N_{D0} \, x_0^2$ gleich $\dfrac{\alpha \, N_M}{\alpha^2} \, x_0^2$ oder $N_{D0} = \dfrac{N_M}{\alpha}$.

Die Gl. (71) gibt an, daß die Vergrößerung des Dämpferdurchmessers um 20 (30 bzw. 40)% eine Minderung des Kurbelwellenausschlags auf das 0,65- (0,52- bzw. 0,41-)fache zur Folge hat. Die Aufpendelung s ist in allen Fällen wegen der gleichen verhältnismäßigen Dämpfung ψ gleich groß. Die größte Schubbeanspruchung τ im Dämpfer ist nach Gl. (68) durch die Vergrößerung des Dämpferdurchmessers auf das 0,78- (0,68 bzw. 0,58-)fache des ursprünglichen Wertes heruntergegangen. Endlich ist die im Dämpfer in Wärme umgesetzte Leistung nach Gl. (70) u. (71) nur noch 0,87- (0,77- bzw. 0,66-)fach so groß wie beim Ausgangsdämpfer mit D_0.

Man sieht also, daß man durch die Vergrößerung des Durchmessers, wenn man erst einmal die Abmessung des Dämpfers mit größter Energieumsetzung überschritten hat, günstigere Verhältnisse erhält. Man bekommt auf diese Weise geringeren Kurbelwellenausschlag, geringere Größtbeanspruchung im Dämpfer und was vor allem wichtig ist, geringere Energievernichtung im Dämpfer und in der Kurbelwelle.

Die vorausgehende Ähnlichkeitsbetrachtung hat natürlich nur solange Gültigkeit, als eine ausgesprochene Resonanzerregung einer schwach gedämpften Schwingung vorliegt. Wenn die Dämpfung so groß wird, daß die auf eine Viertelschwingung von den Kolbenkräften hergegebene Schwingungsenergie von der gleichen Größenordnung ist wie die Formänderungsenergie von Welle und Dämpfer, dann verliert die vorstehende Betrachtung ihre Gültigkeit. In den Fällen der Praxis treten aber in der Regel gerade bei schwach gedämpften Schwingungen unangenehme Schwingungserscheinungen auf.

§ 34. Berechnung der in Wärme umgesetzten Arbeit. Wir nehmen einen Dämpfer von der Länge l und dem Durchmesser d an (Abb. 34) und setzen voraus, daß der Dämpfer an seinem linken Ende e so eingespannt ist, daß das rechte Ende freischwingen kann. Wir nennen diesen Dämpfer den einfach wirkenden im Gegensatz zum doppelt wirkenden, der an beiden Enden eingespannt ist und dessen Mitte gegen die Enden Drehschwingungen ausführt.

Es soll die Energie E bestimmt werden, die während einer Schwingung im Dämpfer in Wärme umgesetzt wird. Bei $45°$ Phasenverschiebung zwischen erregendem Moment M an der Einspannstelle e und dem Winkelweg ξ_1 der Einspannstelle ist die je Schwingung umgesetzte Arbeit gleich $\pi M_0 \dfrac{\xi_{10}}{\sqrt{2}}$. Der Index 0 bezieht sich auf die Größtwerte von Moment und Winkelweg. Wir

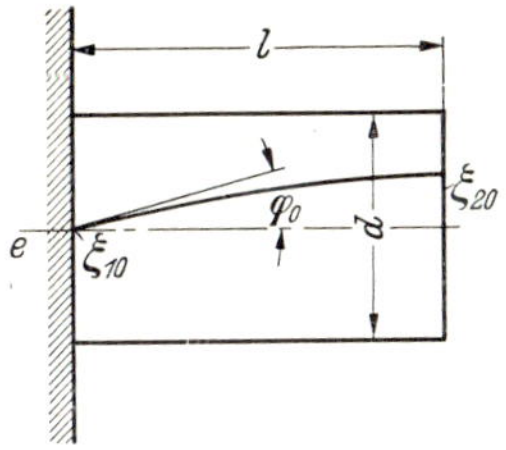

Abb. 34. Am linken Ende eingespannter Gummidämpfer.

setzen z-fache Aufpendelung bei $45°$ Phasenverschiebung voraus, nehmen also an, daß der Größtweg ξ_{20} am freien Ende z-mal so groß sei wie der Weg $\xi_{10} = \dfrac{x}{57,3}$ an der Einspannstelle[1]. Wir bezeichnen die verhältnismäßige Dämpfung wieder mit ψ. Die größte Beanspruchung τ tritt am Umfang des Gummizylinders an der Einspannstelle auf. Das größte Moment M_0 ist

$$M_0 = \tau \frac{\pi d^3}{16}. \tag{72}$$

Es ist also

$$E = \frac{\pi d^3}{16} \tau \frac{\pi}{\sqrt{2}} \frac{x}{57,3}. \tag{73}$$

Den Winkelweg ξ_{10} (in Bogenmaß) haben wir durch den größten Kurbelwellenausschlag x (in Graden) geteilt durch $57,3$ ersetzt. Bei z-facher Aufpendelung und einem Gleitmodul G ist, da nach Abb. 34 tg $\varphi_0 = \dfrac{\pi}{2} \xi_{20}$:

$$\frac{\pi x z}{2 \cdot 57,3} = \operatorname{tg} \varphi_0 = \gamma \frac{2\,l}{d} = \frac{\tau}{G} \frac{2\,l}{d}. \tag{74}$$

$x z$ ist der größte Winkelausschlag des freien Dämpferendes. Daraus folgt die größte Schubspannung τ:

$$\tau = \frac{\pi x z d G}{4 \cdot 57,3\,l} = 0,0137 \frac{x z d G}{l} \tag{75}$$

---

[1] Die Aufpendelung des gleichen Dämpfers ohne Reibung wäre $z\sqrt{2}$.

und die je Schwingung umgesetzte Energie nach Gl. (73) u. (75)

$$E = \frac{\pi^3}{2 \cdot 32 \cdot 57{,}3^2 \cdot \sqrt{2}} \frac{x^2 d^4 z G}{l} = 105 \cdot 10^{-6} \frac{x^2 d^4 z G}{l} \ \text{cm kg/Schwing.} \quad (76)$$

§ 35. Zahlenbeispiele. 1. Beispiel. Wir nehmen an, es sei ein einseitig wirkender Gummizylinder nach Abb. 34 von $d = 42$ cm, $l = 18$ cm und einem Gleitmodul $G = 8{,}5$ kg/cm² gegeben. Nach dem Aufsetzen auf die Kurbelwelle soll das Kurbelwellenende einen Ausschlag $x = \pm 1°$ ausführen. Das freie Ende des Dämpfers hat also, wenn wir $z = 5$ voraussetzen, $\pm 5°$ Ausschlag. Die verhältnismäßige Dämpfung ψ des Gummis einschließlich der Verluste an der Verbindungsstelle zwischen Gummi und Eisen kann daraus in bekannter Weise berechnet werden. Die je Schwingung in Wärme umgesetzte Energie ist also nach Gl. (76):

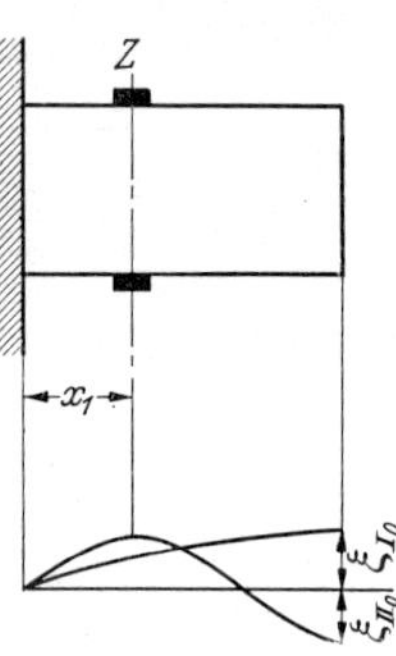

Abb. 35. Schwingung 1. und 2. Grades für einfach wirkenden Gummidämpfer.

$$E = \frac{105 \cdot 42^4 \cdot 5 \cdot 8{,}5}{10^6 \cdot 18}$$
$$= 772 \ \text{cm kg/Schwing.} \quad (77)$$

Das bezogene Gewicht des Gummizylinders betrage 1,49 kg/dm³. Wenn der Dämpfer zu einer Maschine gehört, die 1000 Eigenschwingungen/Min. hat, so werden in ihm 1,71 PS in Wärme umgesetzt. Bei doppelt wirkender Ausführung, d.h. also mit beiderseitiger Einspannung der Enden und einer Länge des Gummizylinders von 36 cm werden 3,42 PS in Wärme umgesetzt. Wenn wir weiter annehmen, dieser Dämpfer sei gerade zu einer Maschine verwendet worden, deren größter Ausschlag des Kurbelwellenendes 2° ohne Dämpfer betragen haben mag, so wäre also dieser Dämpfer derjenige mit größter Energievernichtung. Ohne Dämpfer ist die im Getriebe umgesetzte Energie viermal so groß, also etwa 13,7 PS. Wenn wir weiter annehmen, daß die durch Schwingungen im Getriebe ohne Dämpfer umgesetzte Energie 1% der Maschinenleistung verbraucht hat, so gehört der vorliegende Dämpfer zu einer Maschine von 1400 PS.

　　2. Beispiel. Wir wollen einen Dämpfer berechnen, der zu einer Dieselmaschine von 6000 PS gehören soll. Der Dämpfer soll wieder aus einem Gummi vom bezogenen Gewicht 1,49 kg/dm³ und einem Gleitmodul $G = 8{,}5$ kg/cm² hergestellt werden. Das Material sei wie im vorigen Beispiel hochelastischer Gummi mit einer verhältnismäßigen Dämpfung $\psi = 0{,}35$, der infolge von Energieverlusten

an der Einspannung eine entsprechend größere tatsächliche Dämpfung hat. Wir nehmen 10 fache Aufpendelung ($s = 10$) für den reibungsfreien Dämpfer an. Bei $45°$ Phasenverschiebung messen wir also am freien Dämpferende einen Größtausschlag ξ_{20}, der $10 : \sqrt{2} = 7{,}1$ mal so groß ist wie der größte Ausschlag ξ_{10} des Kurbelwellenendes.

Die Länge für den einfach wirkenden Gummizylinder können wir berechnen, wenn die Eigenschwingungszahl der Maschine mit $n = 1480$ 1/Min. gegeben ist. Es ist nämlich

$$l = \frac{60}{4 \cdot n} \sqrt{\frac{G}{\mu}} = \frac{15}{1480} \sqrt{\frac{8{,}5 \cdot 981 \cdot 10^3}{1{,}49}} = 24 \text{ cm.} \tag{78}$$

Wir nehmen an, daß genügend Platz in Achsrichtung zur Verfügung steht, so daß wir den Dämpfer doppeltwirkend ausführen können. Die gesamte Länge des Gummizylinders beträgt dann $2 \cdot 24 = 48$ cm.

Für diese Maschine wollen wir vier Gummizylinder durchrechnen von 100, 110, 120 und 130 cm Außendurchmesser. Wir vernachlässigen die Tatsache, daß der Gummizylinder zwecks Durchführung der Kurbelwelle hohl sein muß. Die äußere Stirnplatte ist mit dem Kurbelwellenende so befestigt, daß sie die gleichen Schwingungen mitmacht wie das Kurbelwellenende (siehe z. B. Abb. 36). In der nachfolgenden Zahlentafel ist die Dämpferwirkung für einen Kurbelwellenausschlag von $\pm x°$ (nach Aufsetzen des Dämpfers) eingetragen.

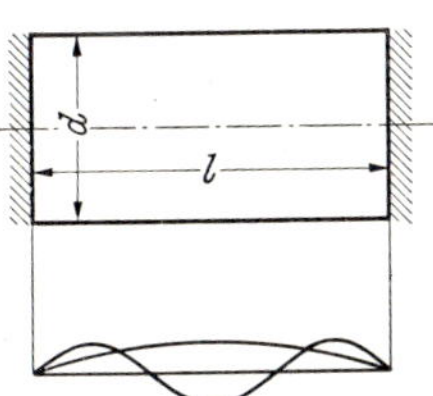

Abb. 36. Schwingung 1. und 2. Grades für doppelt wirkenden Dämpfer.

Zahlentafel 10. Fester Kurbelwellenausschlag von $x° = \pm 0{,}415°$.

Durchmesser	d cm	100	110	120	130
Energie	$E \dfrac{\text{cm kg}}{\sim}$	$26\,300\,x^2$	$38\,600\,x^2$	$54\,600\,x^2$	$75\,000\,x^2$
Arbeit	A PS	$86{,}5\,x^2$	$127\,x^2$	$179\,x^2$	$247\,x^2$
Randspannung	τ k /cm²	$3{,}43\,x$	$3{,}77\,x$	$4{,}11\,x$	$4{,}46\,x$

Die im einfachwirkenden Dämpfer umgesetzte Energie E ist nach Gl. (76):

$$E = \frac{105 \cdot x^2 d^4 \cdot 10 \cdot 8{,}5}{10^6 \sqrt{2} \cdot 24} = 263 \cdot 10^{-6} \cdot x^2 d^4 \text{ cm kg}/\sim \tag{79}$$

und die umgesetzte Arbeit

$$A = \frac{E\,n}{60 \cdot 7500} = 3{,}29 \cdot 10^{-3}\, E \text{ PS .} \tag{80}$$

Die größte Schubspannung am Rande des Dämpfers ist nach Gl. (75)

$$\tau = 0,0137 \, \frac{x \cdot 10 \cdot d \cdot 8,5}{\sqrt{2 \cdot 24}} = 0,0343 \, x d \; \text{kg/cm}^2. \qquad (81)$$

Wir sehen, daß die im Dämpfer umgesetzte Arbeit und die größte Beanspruchung bei den vier verschiedenen Durchmessern mit dem Durchmesser des Gummizylinders anwächst. Das kommt natürlich daher, daß wir bei der Berechnung der Zahlentafel angenommen haben, daß unabhängig vom Dämpferdurchmesser gleicher Kurbelwellenausschlag von $\pm \, x^\circ$ am Kurbelwellenende erhalten wird. Tatsächlich wird die Dämpfung der Schwingung um so größer, d h. der Schwingungsausschlag der Kurbelwelle um so geringer sein, je größer der Durchmesser des Dämpfers ist. Diese Tatsache wird erst bei der nachfolgenden Berechnung berücksichtigt.

Bevor wir eine Entscheidung über den Durchmesser des Dämpfers treffen können, muß angegeben werden, wie groß der Ausschlag des Kurbelwellenendes im ungünstigen Fall ohne Dämpfer ist und wieviel Energie dabei im Getriebe vernichtet wird. Es sei z. B. gegeben, daß die Maschine ohne Dämpfer bei der ungünstigsten kritischen Drehzahl (z. B. 4. Ordnung mit 370 1/Min.) einen Kurbelwellenausschlag von $\pm \, 0,83^\circ$ ausführt und daß dabei 1% der Maschinenleistung, also 60 PS, als Schwingungsenergie vernichtet werden. Mit Hilfe dieser Angabe können wir den Dämpfer bestimmen, bei dem wir die größte Energie im Dämpfer umsetzen. Wir wollen diesen Dämpfer der größten Energievernichtung wieder durch den Index Null kennzeichnen. Wenn wir diesen Dämpfer aufgesetzt haben, ist der Kurbelwellenausschlag $x_0 = \pm \, 0,415^\circ$. Die zugehörige Energievernichtung im Dämpfer beträgt $\tfrac{1}{4}$ von 60 PS $= 15$ PS. Aus der Zahlentafel 10 ersehen wir, daß dieses Ergebnis gerade mit dem Dämpfer von 100 cm Durchmesser erreicht wird. Die Leistung A_0 dieses Dämpfers ist nämlich für

$$x_0 = 0,415^\circ \text{ gleich } 86,5 \cdot \frac{0,83^2}{4} = 15 \text{ PS.}$$ Die größte Beanspruchung τ_0 ist für diesen Dämpfer nach der Zahlentafel 10 gleich $3,43 \cdot 0,415 = 1,42$ kg/cm².

Wir stellen nun mit Hilfe der Gl. (75—78) fest, welche Ergebnisse erhalten werden, wenn wir für diese gleiche Maschine den Durchmesser des Dämpfers von 100 auf 110 bzw. 120 und 130 cm erhöhen (Zahlentafel 11). Es wird berücksichtigt, daß mit der Vergrößerung des Durchmessers d der Kurbelwellenausschlag x zurückgeht.

Zahlentafel 11. Dämpfer für 6000-PS-Maschine,
die ohne Dämpfer ± 0,83° Kurbelwellenausschlag
mit 60 PS Schwingungsenergieverlusten im
Getriebe hat.

d cm	100	110	120	130
$d : d_0$	1	1,1	1,2	1,3
$x : x_0$	1	0,798	0,633	0,498
x Grad	0,415	0,331	0,263	0,207
A PS	15,0	13,9	12,3	10,6
τ kg/cm²	1,43	1,25	1,06	0,92

In der 3. Reihe ist $x : x_0$ nach Gl. (71) mit $N_M = 60$ PS und $x = 0,83°$ berechnet worden. Die Werte von A und τ in der 5. und 6. Reihe folgen aus Zahlentafel 10.

Aus der Zahlentafel 11 ersieht man, daß die Wirkung des Dämpfers mit steigendem Durchmesser größer wird. Es geht der Kurbelwellenausschlag und die im Dämpfer umgesetzte Leistung zurück, und es wird die Schubspannung an der ungünstigsten Stelle geringer. Im vorliegenden Falle wird man bei der 6000 PS-Maschine dann mit einem Dämpfer von 100 cm Durchmesser auskommen, wenn es nicht nötig ist, daß die Maschine lange Zeit in der kritischen Drehzahl betrieben wird. Wenn aber die Bedingung gestellt ist, daß alle Drehzahlen der Maschine gleich gut verwendet werden sollen (wie es z. B. bei Schiffsmaschinen oft verlangt wird), dann wird man besser den Dämpfer von 120 oder 130 cm Durchmesser vorsehen. Bei ihm ist die größte Beanspruchung nicht so groß, daß ein Einriß zu befürchten wäre, und es ist die umgesetzte Wärme A im Vergleich zu den Abmessungen des Dämpfers verhältnismäßig gering, so daß man die erzeugte Wärme bei einer Temperaturerhöhung des umlaufenden Gummizylinders von vielleicht 30° abführen kann.

Man sieht daraus, daß bei dieser Maschinengröße noch keine Schwierigkeiten auftreten. Wenn man zu noch größeren Maschinen übergeht, vielleicht 12 000 PS, dann kann es unter Umständen Schwierigkeiten machen, die in einem Gummi-Resonanzdämpfer erzeugte Wärme abzuführen. Man kann dann vielleicht durch Anbringung einer Wasserkühlung Abhilfe schaffen.

Es ist ganz lehrreich für die vorliegende Maschine, das Gewicht des Dämpfers im Vergleich zur Maschine festzustellen. Nehmen wir an, daß die Maschine als leichte Schiffsmaschine gebaut ist mit einem Gewicht von 15 kg/PS, also einem Gesamtgewicht von 90 t, so erhalten wir das Dämpfergewicht, das bei einem Durchmesser von 110—120 cm 700—900 kg beträgt, etwa zu 1% des Maschinengewichts. Durch das Aufsetzen dieses Dämpfers leistet die Maschine um etwa 40 PS mehr bei gleichem Brennstoffverbrauch.

§ 36. Gummidämpfer für zwei Eigenschwingungszahlen. Es kommt mitunter vor, daß eine Kurbelwelle zwei kritische Eigenschwingungszahlen hat und daß die Aufgabe gestellt ist, durch einen Dämpfer beide Eigenschwingungszahlen gleichzeitig zu beeinflussen. Wir haben diese Aufgabe mit Erfolg gelöst, wenn die Eigenschwingungszahlen 2. Grades um mehr als 50% größer war als die Eigenschwingungszahl 1. Grades. Wenn der Unterschied zwischen den beiden Eigenschwingungszahlen kleiner sein sollte, dann würde man im allgemeinen statt des einen Dämpfers zwei Dämpfer — jeden für eine Schwingungszahl — benötigen.

Ein einfachwirkender Dämpfer ohne Zusatzmasse führt die Schwingungen 1. Grades mit ξ_1 und die Schwingung 2. Grades mit ξ_2 (Abb. 35) aus, wobei die Schwingung 2. Grades nach bekannten Lehren der technischen Schwingungslehre dreimal so rasch ver-

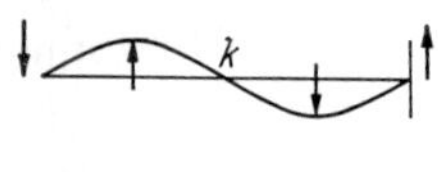

Abb. 37.
Schwingung 2. Grades.

läuft wie die Schwingung 1. Grades. Durch Aufsetzen von Zusatzmassen auf den Dämpfer kann man das Verhältnis der beiden Eigenschwingungszahlen beeinflussen. Man kann z. B. an der Stelle x_1 eine Zusatzmasse Z aufsetzen, durch die man insbesondere die Schwingungszahl 2. Grades erniedrigen kann. Auf die Schwingung vom 1. Grade hat die Zusatzmasse Z nur geringen Einfluß, weil der Ausschlag der Zusatzmasse bei der Schwingung 1. Grades verhältnismäßig gering ist. Man könnte durch eine entsprechend große Zusatzmasse Z, aufgebracht an der bezeichneten Stelle, erreichen, daß das Verhältnis der beiden Schwingungszahlen, statt 1 : 3 vielleicht 1 : 2,5, oder im äußersten Falle 1 : 2,2 betragen mag.

Aus der einfachwirkenden Dämpferanordnung geht die doppeltwirkende unmittelbar hervor. Man kann also auch beim doppeltwirkenden Dämpfer nach Abb. 36 neben der Schwingung 1. Grades eine von 3fach so hoher Eigenschwingungszahl erhalten, die zwei Knoten hat und für den gesamten Zylinder als Schwingung 3. Grades bezeichnet wird. Es besteht aber für den doppeltwirkenden Dämpfer überdies die Möglichkeit, eine Schwingung mit einem Knoten in der Mitte anzugeben, die man als Schwingung 2. Grades bezeichnet (Abb. 37). Wir hatten selbst ursprünglich versucht, diese Schwingung 2. Grades für den doppelt wirkenden Dämpfer auszunutzen, mußten uns dann aber durch einen Versuch an einem Modell überzeugen lassen, daß diese Schwingung 2. Grades zwar als Schwingung besteht, aber bei Vorliegen von Dämpfung nicht durch gleichsinniges Wackeln der beiden Stirnflächen des Dämpfers erregt werden kann.

In Abb. 37 ist die Schwingung 2. Grades für den Dämpfer an der Maschine aufgezeichnet, wobei angenommen ist, daß die beiden Dämpferstirnflächen selbst kleine Ausschläge machen, da der Knotenpunkt nicht in den Stirnflächen selbst, sondern ein Stück davon entfernt liegen soll. Wenn die beiden Knotenpunkte in den Stirnflächen selbst liegen würden, könnte ja keine Energie von der Kurbelwelle auf den Dämpfer übertragen werden.

Bei der Anordnung nach Abb. 37 werden, solange wir keine Energievernichtung im Dämpfer voraussetzen, beide Stirnflächen gleichzeitig um den gleichen Betrag aus der Nullage verschoben sein und dann durch die Nullage durchgehen, wenn die gesamte Schwingung die Nullage durchschreitet. Auf der einen Seite erfolgt die Bewegungsänderung also im Sinne des Moments, auf der anderen Seite in entgegengesetzer Richtung. Auf diese Weise kann aber von der Kurbelwelle keine Energie auf den Dämpfer übertragen werden. Wenn wir z. B. annehmen, daß die Schwingung in Abb. 37 im Vergrößerungszustand begriffen ist, so muß zur Einleitung von Energie durch die Stirnfläche der Winkelausschlag der Stirnfläche

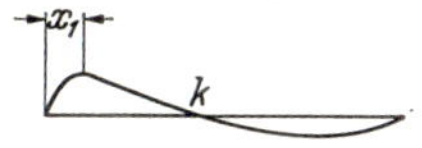

Abb. 38. Schwingung 2. Grades bei einem beiderseitig eingespannten Dämpfer mit Zusatzmasse an der Stelle x_1.

um einen bestimmten Betrag der größten Kraft vorauseilen; d. h. also im linken Teil, bei dem die Schwingung nach oben gerichtet ist, muß die linke Stirnseite nach der Ausgangslage zu wandern (im Sinne des Pfeiles). In dem Teil rechts von Knotenpunkt k dagegen muß die rechte Stirnfläche zum Zwecke der Energieübertragung auf den Dämpfer nach oben eilen. Die beiden Stirnflächen sind aber miteinander gekuppelt, so daß sie nur gemeinsam Bewegungen ausführen können. Wenn die rechte und linke Stirnseite in Abb. 37 in unserem Beispiel gleichzeitig nach oben wandern, dann wird rechts Energie ein- und links ausgeleitet. Wir sehen daraus, daß die Schwingung 2. Grades für den doppeltwirkenden Dämpfer bei symmetrischer Anordnung nicht aufgeschaukelt werden kann.

Wir können aber eine Aufschaukelung erreichen, wenn wir eine Schwungmasse im Abstand x_1 vom linken Ende, also unsymmetrisch, aufsetzen. Wir erhalten dann eine schwingungselastische Linie nach Abb. 38, die in ihrem linken Ende viel steiler verläuft als im rechten. Bei dieser Anordnung kann links mehr Energie eingeleitet werden als rechts abfließt, so daß für die unsymmetrische Anordnung auch die Schwingung 2. Grades aufgeschaukelt werden kann.

Es ist dabei zu beachten, daß der Knotenpunkt k wegen des Durchwanderns von Schwingungsenergie von der einen Seite des Dämpfers auf die andere nicht in Ruhe bleibt und daß die Größtausschläge auf den beiden Seiten nicht gleichzeitig erreicht werden. Man kann auf diese Weise vielleicht sogar erreichen, daß im günstigsten Fall auf der rechten Seite keine Energie abfließt, sondern im Gegenteil auch noch Energie von der Kurbelwelle auf den Dämpfer übergeht.

Bei einem unsymmetrisch ausgeführten Dämpfer, den wir für einen Versuch der Praxis ausgebildet hatten, haben wir die Schwingung 1. Grades mit 1500 1/Min. und die 2. Grades mit etwa 2300 1/Min. erhalten. Bei der Schwingung 1. Grades konnten wir mit einem bestimmten Erregergrößtausschlag ξ_{10} Energie von etwa 2 PS im Dämpfer (Gummigewicht etwa 60 kg) umsetzen, während wir bei der Schwingung 2. Grades mit gleichem Erregerausschlag etwa 1,2 PS umsetzen konnten. Wir erreichten zwar bei der Schwingung 2. Grades keine so großen Ausschläge ξ_{20} des Dämpfers wie bei der Schwingung 1. Grades. Durch die unsymmetrische Anordnung konnte aber doch immerhin ein erheblicher Energiebetrag auch bei der Schwingung 2. Grades in Wärme umgesetzt werden.

§ 36 a. Bestimmung des Trägheitsmoments einer Schwungmasse mit Hilfe der Eigenschwingungszahl. Es ist wichtig, die Trägheitsmomente der auf Schwingungsdämpfer aufgesetzten Abstimmassen genau zu bestimmen. Das geschieht in vielen Fällen durch Rechnung. Man muß aber auch mitunter das Trägheitsmoment einer gegebenen Schwungmasse durch Versuch bestimmen[1].

In Abb. 39 ist eine Schwungmasse dargestellt, deren Trägheitsmoment bestimmt werden soll. Man hängt zu diesem Zwecke die Masse drehelastisch (z. B. an Drähten $b_1 b_2$) am Punkte 0 auf und bestimmt mit Hilfe der Stoppuhr die Schwingungsdauer der Anordnung, die gleich ist

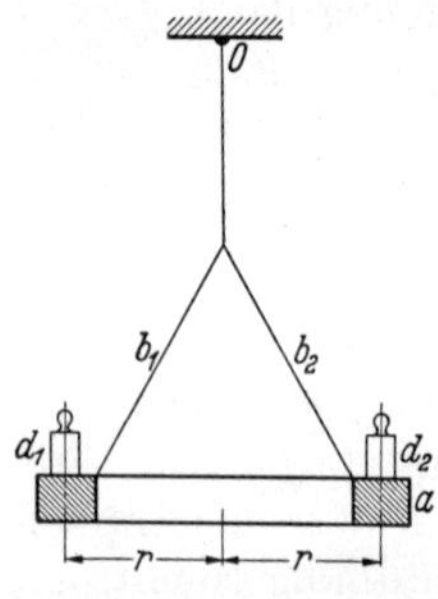

Abb. 39. Bestimmung des Trägheitsmoments der Schwungmasse a.

$$T_1 = 2\,\pi\,\sqrt{\frac{\Theta}{c}}\,. \tag{82}$$

Θ ist das zu bestimmende Trägheitsmoment der Schwungmasse a, während c die elastische Konstante der Aufhängung angibt.

---

[1] Ausführlich beschrieben von E. Lehr: Schwingungstechnik I, S. 108. Berlin: Julius Springer 1930; siehe auch J. Geiger: Mechanische Schwingungen, S. 167. Berlin: Julius Springer 1927.

Bei einem zweiten Versuch werden zwei Gewichte d_1 und d_2 in einem bekannten Abstand r auf die Schwungmasse a aufgesetzt. Das Trägheitsmoment der Schwungmasse ändert sich dadurch um $\Delta \Theta$.

$$\Delta \Theta = 2\,m\,r^2, \qquad (83)$$

m ist dabei die Masse von einer der aufgesetzten Gewichte d.

Mit dieser Anordnung wird ein neuer Ausschwingversuch zur Bestimmung der Schwingungsdauer T_2 gemacht, die gleich ist

$$T_2 = 2\,\pi \sqrt{\frac{\Theta + \Delta \Theta}{c}}. \qquad (84)$$

Aus den Gl. (82) u. (84) folgt

$$T_1^2 : T_2^2 = \frac{\Theta}{\Theta + \Delta \Theta}. \qquad (85)$$

In dieser Gleichung ist allein Θ unbekannt.

$$\Theta = 2\,m\,r^2 \frac{T_1^2}{T_2^2 - T_1^2}. \qquad (86)$$

§ 37. Dämpfung von Seilschwingungen und ausgeführte Seilschwingungsdämpfer[1]. In § 22 ist ausgeführt, daß die Drahtseile elektrischer Fernleitungen durch den Wind zu großen Ausschlägen aufgeschaukelt werden können, durch die die Haltbarkeit dieser Seile unter Umständen überschritten werden kann. Die Ausschläge können insbesondere dann gefährlich große Beträge annehmen, lich große Beträge annehmen,

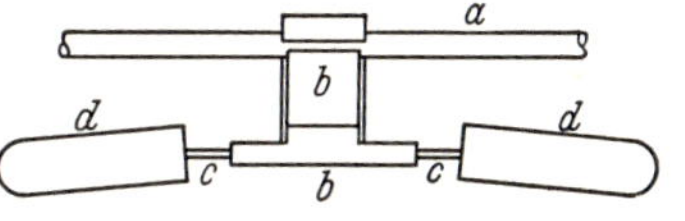

Abb. 40.
Seilschwingungsdämpfer von Stockbridge.

wenn ein sehr gleichmäßiger Wind von einer ganz bestimmten Windgeschwindigkeit weht. Besonders gefährlich sind diese Seilschwingungen, wenn das Seil aus einem wenig dämpfungsfähigen Werkstoff hergestellt ist. Wenig dämpfungsfähig sind Aluminiumlegierungen von hoher Festigkeit, einige harte Bronzen, besonders hart gezogenes Kupfer usw. Im Vergleich dazu ist Weichkupfer oder Reinaluminium besonders stark dämpfungsfähig, so daß bei Seilen, die aus letzteren Werkstoffen hergestellt sind, keine gefährlich großen Schwingungsausschläge auftreten.

Seit etwa 10 Jahren bemüht man sich, diese Seilschwingungen durch aufgesetzte Dämpfer zu vermindern. In Amerika ist der Stockbridge-Dämpfer ausgebildet worden (Abb. 40), der noch heute

---

[1] Siehe auch A. E. Davison: Canad. Elect. Assoc. 1932.

vielfach verwendet wird. An dem zu schützenden Seil a ist eine Klemme b befestigt, die das Seilstück c trägt. An c sind auf beiden Seiten Gewichte d angebracht, die sich relativ zu c verdrehen können. Wenn a in Schwingungen gerät, wird c mitgenommen und überträgt die Schwingungsenergie auf d. Es werden dadurch von d Erschütterungen auf das Seil übertragen; überdies wird in dem schwingenden Seilstück c Schwingungsenergie vernichtet.

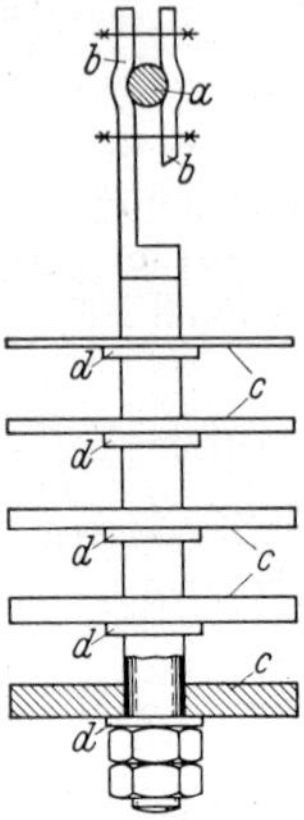

Gleichzeitig ist in Deutschland von den Vereinigten Aluminiumwerken (Lautawerke) ein Lamellendämpfer ausgebildet worden (Abb. 41). Die verhältnismäßig leichten Lamellenscheiben c werden beim Schwingen des Seils von ihren Unterlagen d abgehoben und schlagen kurz darauf wieder mit Stoß auf. Es wird auf diese Weise unter dauerndem Geklapper Stoßenergie auf das Seil übertragen.

In weiterer Ausbildung des Lamellendämpfers haben die Vereinigten Aluminiumwerke den Schwinghebeldämpfer nach Abb. 42 entwickelt, der auch in symmetrischer Form verwendet worden ist. Bei diesem Dämpfer hängt an dem Seil a durch Vermittlung der Klemme b der Schwinghebel c, der in d drehbar gelagert ist. Die Verdrehung von c relativ zu a um den Punkt d ist durch die mit a verbundene zweite Klemme e begrenzt. e hat zwei Anschläge, g_1 und g_2, so daß c nur um wenige Millimeter nach oben oder unten schwingen kann. Durch ein Gegengewicht f bzw. durch die symmetrische Ausbildung des Hebels ist erreicht, daß c im Ruhezustand nur ganz leicht an eine der beiden Hubbegrenzungsstellen der Klemme e anliegt. Wenn das Seil a schwingt, führen die Klemmen b und e relative Wege zueinander aus. Der Hebel c schlägt dabei an die Hubbegrenzungen von e an. Bei diesem Vorgang werden einerseits Stöße auf das Seil übertragen, anderseits wird ein Teil der Schwingungsenergie in Stoßenergie umgesetzt, die als rasche Schwin-

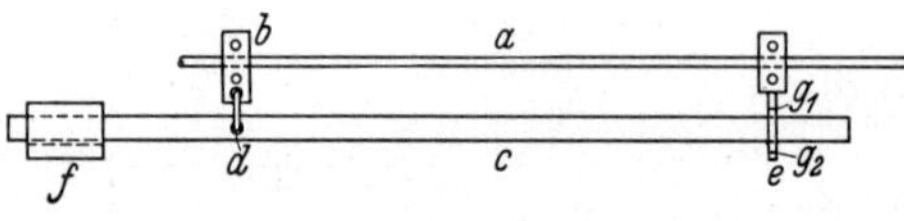

Abb. 41.
Lamellendämpfer der
Lautawerke.

Abb. 42. Seilschwingungsdämpfer mit Schwunghebel.

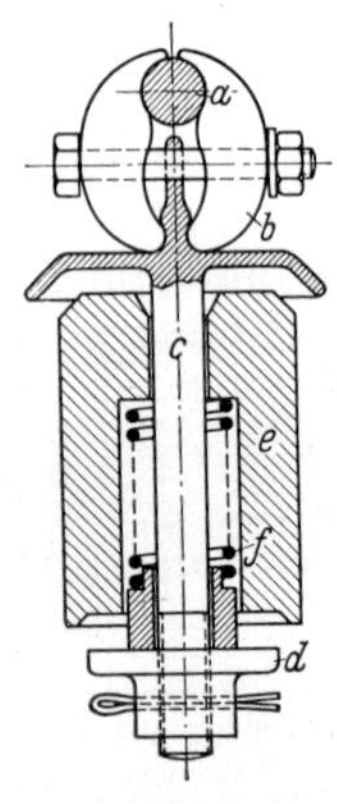

Abb. 43.
Stoßgewichtsdämpfer.

gung durch das Seil fortgeleitet und schließlich in Wärme umgesetzt wird.

Endlich ist der von der Aluminiumindustrie Neuhausen (Schweiz) ausgebildete Stoßgewichtsdämpfer in Abb. 43 wiedergegeben. Am Seil a hängt durch Vermittlung der Klemme b ein Führungsstift c, der den Teller d trägt. Das Stoßgewicht e wird durch die Feder f so gehalten, daß ein kleiner Zwischenraum zwischen d und e vorhanden ist. Wenn die Klemme b schwingt, bewegt sich d relativ zu e. Der Spalt wird überwunden und beide Teile stoßen von Zeit zu Zeit aufeinander auf. Es werden dadurch einerseits Stöße auf das Seil a übertragen, anderseits Schwingungsenergie in Wärme umgesetzt.

§ 38. Wirkungsweise der Seilschwingungsdämpfer. Man hatte ursprünglich bei der Betrachtung der Wirkungsweise von Seilschwingungsdämpfern die besonderen Verhältnisse nicht beachtet, die durch die aerodynamischen Ablösungsverhältnisse am Seil hervorgebracht werden. Es ist ja nicht so (wie etwa bei der Aufschaukelung von Kurbelwellenschwingungen), daß Kräfte von gegebener Größe an bestimmten Stellen wirken und daß man sehen muß, die von ihnen in das schwingende System hineingesteckte Schwingungsenergie ohne zu große Aufschaukelung in Wärme umzusetzen. Bei den Seilschwingungen kann nur die Ungleichmäßigkeit in der Wirbelablösung an den einzelnen Stellen trotz gleichmäßig wirkenden Windes die Aufschaukelung hervorrufen. Es tritt also nur eine Differenzwirkung auf, die in ganz besonderen Fällen, wenn sich die Wirbelablösung an den einzelnen Stellen entsprechend ungünstig selbst steuert, große Ausschläge hervorrufen kann.

Der Verfasser hat selbst im Wöhler-Institut Braunschweig Versuche anstellen lassen[1], die den besonderen Verhältnissen nicht ganz gerecht geworden sind: Es ist ein Seil durch äußeren Exenterantrieb in Schwingungen versetzt worden. Man hat durch das Aufsetzen von Resonanzschwingungsdämpfern versucht, die Schwingungsausschläge zu mildern. Bei diesen Versuchen trat, ähnlich wie bei einer Kurbelwelle, eine bestimmte Erregerkraft an einer bestimmten Stelle auf. Es wurde infolgedessen eine ganz bestimmte Schwingungsenergie zugeführt, die man durch den Dämpfer in Wärme umzusetzen versuchte.

Im Gegensatz zu diesen Laboratoriumsversuchen werden die Seilschwingungen in der Praxis nur durch eine unglückliche Selbststeuerung der Wirbel hervorgerufen (§ 22). Man kann die Schwin-

---

[1] Mitteilungen des Wöhler-Instituts, Heft 12 u. 21.

gungsausschläge dadurch wesentlich verringern, daß man die Selbststeuerung der Wirbelablösung stört. Auf diesem Grundsatz beruhen die in § 37 behandelten Schwingungsdämpfer, die im einzelnen verhältnismäßig geringe Dämpferwirkung — d. h. Umsetzung von Schwingungsenergie in Wärme — haben.

Zur Aufschaukelung der großen Seilschwingungen müssen die Wirbel in dem ungünstigen Sinne einige Zeit gesteuert werden. Wenn man während dieser Zeit den Strömungsvorgang stört, schaukeln die Windkräfte die Seilschwingungen nicht zu großen Ausschlägen auf. Die Seilschwingungsdämpfer üben von Zeit zu Zeit Stöße auf das Seil aus, durch die das Strömungsbild so verlagert wird, daß anschließend die Wirbelablösung nicht mit der richtigen Phasenverschiebung erfolgt. Es genügen schon verhältnismäßig kleine Stöße, die durch leichte Aufschläge der Dämpfermasse auf die mit dem Seil verbundene Klemme hervorgerufen werden, um die an jeder Stelle verhältnismäßig kleinen Windkräfte in ihrer Phase zu verschieben. Die Schwingungsdämpfer nach Abb. 41—43 sind demnach eigentlich keine Schwingungsdämpfer, sondern „Aufschaukelungsstörer".

§ 39. Dämpfung von Energie forttragenden Schwingungen. Eine Energie forttragende Schwingung kommt zustande, wenn auf ein gleichförmiges, beliebig weit ausgedehntes Medium eine periodische Kraft ausgeübt wird. In diesem Falle gibt es keine besonderen Eigenschwingungszahlen und Resonanzerregungen, da bei beliebig ausgebreiteten Gebilden die Eigenschwingungen von so hoher Ordnung sind, daß zwei benachbarte Eigenschwingungszahlen beliebig nahe nebeneinander liegen.

Ein solcher Fall tritt z. B. auf, wenn auf einem Maschinenfundament eine Kolbenmaschine aufgesetzt ist, die periodische Massenkräfte im Tempo der Drehzahl der Maschine auf das Fundament ausübt. Durch das Fundament im weitesten Sinne, also durch den Fußboden, werden dann Erschütterungen auf die Umgebung übertragen, durch die Energie ausstrahlt. Es kann natürlich sein, daß ein bestimmter Gebäudeteil in der Nähe eine ganz bestimmte Eigenschwingungszahl hat und dann besonders große Schwingungsausschläge ausführt, wenn die Impulse (d. h. die Maschinendrehzahl) mit dieser Eigenschwingungszahl übereinstimmen. Von diesem Sonderfall wollen wir absehen und voraussetzen, daß bei allen Drehzahlen der Maschine entsprechend große Schwingungsausschläge durch das Fundament fortgeleitet werden.

Man kann in diesem Fall die Fundamentschwingung nicht dadurch wirksam dämpfen, daß man einen entsprechend ausgebildeten durch die Fundamentschwingung erregten Dämpfer verwendet. Vor allem würde gewöhnlich ein Resonanzschwingungsdämpfer versagen, da ja keine Eigenschwingungszahl des Fundaments vorliegt.

Der Weg, den wir hier einzuschlagen haben, besteht darin, daß wir von der Maschine erzwungene periodische Kräfte auf das Fundament ausüben, die den vom hin- und hergehenden Maschinenteil ausgeübten Massenkräften entgegenwirken, d. h. gleichgroß und entgegengesetzt gerichtet sind. Wir können das z. B. dadurch erreichen, daß wir hin- und hergehende Massen in entgegengesetzter Richtung zwangläufig mit den hin- und hergehenden Massen der Maschine bewegen.

Wenn eine bestimmte Drehzahl der Maschine vorliegt, dann kann es vorteilhaft sein, diese hin- und hergehenden Dämpfermassen auf die Drehzahl der Maschine durch Anbringung von entsprechenden Federn abzustimmen[1]. Mit dieser Abstimmung ist der Vorteil verbunden, daß verhältnismäßig kleine Koppelkräfte von der Maschine auf den Dämpfer übertragen werden müssen. Im Gegensatz zu den vorher behandelten Resonanzschwingungsdämpfern werden diese Massenausgleichvorrichtungen von der Maschine aus unmittelbar erregt und nicht vom Fundament aus durch Aufschaukeln der Eigenschwingung.

Der wesentliche Unterschied zwischen dieser Vorrichtung und den übrigen hier beschriebenen sich selbst aufschaukelnden Dämpferanordnungen besteht darin, daß wir hier versuchen können, einen vollständigen Ausgleich durch entgegengesetzt gerichtete Kräfte herbeizuführen, während wir im anderen Fall nur die im schwingenden System vorhandene Schwingungsenergie vernichten. Wir arbeiten zwecks Erzielung eines Massenausgleichs mit 180° Phasenverschiebung, im anderen Fall aber (z. B. beim Kurbelwellenschwingungsdämpfer) am vorteilhaftesten mit 90° Phasenverschiebung. Es braucht in den Ausgleichvorrichtungen keine Schwingungsenergie vernichtet zu werden. Die Aufschaukelung von Schwingungen wird dadurch verhindert, daß man die Erregungsursache, nämlich die Massenverschiebungen, ausgleicht.

Zusammenfassend stellen wir fest, daß es zwei grundsätzlich verschiedene Wege gibt, um Fundamentschwingungen auszugleichen, die von hin- und hergehenden Maschinenteilen herrühren.

1. Der im allgemeinen unzweckmäßige Weg besteht darin, daß man an einer oder einigen Stellen sich selbst aufschaukelnde Resonanzschwingungsdämpfer anbringt, die auf die von der Maschine vorgeschriebenen Erregerzahlen abgestimmt sind und in denen ein Teil der Schwingungsenergie vernichtet wird.

---

[1] Föppl, O: Grundzüge der Techn. Schw. 1931, S. 197.

2. Der zweite Weg, der in der Regel eingeschlagen wird, besteht darin, daß eine zusätzliche Schwingungsanordnung vorgesehen wird, die Impulse von der gleichen Größe, aber mit 180° Phasenverschiebung auf das Fundament überträgt. Bei Anordnungen dieser Art muß die Erregung der zusätzlichen Schwingungsanordnung von der umlaufenden Maschine aus erfolgen, wobei eine ganz bestimmte regelbare Phasenverschiebung in der Übertragungsleitung vorhanden ist, die so bemessen sein muß, daß die erregte Schwingung der Ausgleichvorrichtung den Massenbewegungen der hin- und hergehenden Maschinenteile das Gleichgewicht hält. Bei dieser Anordnung ist keine Dämpfung im schwingenden System erforderlich. Es braucht in der ausgleichenden Anordnung keine Energie vernichtet zu werden. Es ist wünschenswert, daß die ausgleichende Massenanordnung möglichst nahe beim Maschinen-

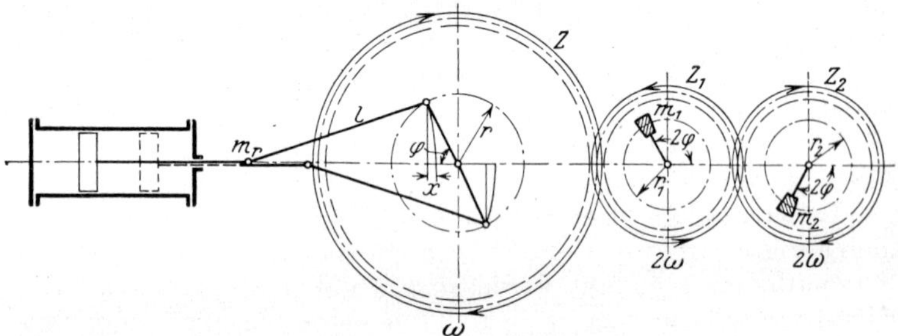

Abb. 44. Vorrichtung für Massenausgleich 2. Grades durch zwei mit doppelter Drehzahl umlaufende Massen m_1 und m_2.

fundament aufgestellt ist, damit der Ausgleich der Massenbewegungen möglichst ohne Ausstrahlung von Energie nach außen in einem kurzen Stück des Fundaments vor sich geht. Die gebräuchlichste Anordnung von Ausgleichsvorrichtungen dieser Art besteht in zwei exzentrischen Gewichten von gleicher Größe, die mit gleicher Umfangsgeschwindigkeit in entgegengesetzter Richtung umlaufen[1] (Abb. 44).

§ 40. **Lagerung des Antriebsmotors in Gummi.** Man kann die störende Fortleitung von Schwingungen auf die weitere Umgebung eines Motors dadurch verhindern oder verringern, daß man das Motorfundament in Gummi einbettet, so daß es kleine Bewegungen ausführen kann, die mit nur geringen Rückstellkräften verbunden sind. Dieses Verfahren wird vor allem angewandt bei den Automotoren, die unter Zwischenschaltung einer 3 bis 5 cm starken Gummischicht mit dem Chassis verbunden sind. Die Gummi-

---

[1] Föppl, O.: Grundzüge der Techn. Schw. 1931, S. 198.

bettung wird in neuerer Zeit mitunter auch bei ortsfesten Motoren angewandt, deren Fundament auf einer mehrere Zentimeter starken Gummiplatte aufgebaut wird. Statt der Gummiplatte werden bei ortsfesten Motoren auch Stahlfedern verwandt, die bei kleinen Kräften verhältnismäßig große Ausschläge zulassen. Gummi ist aber zweifellos für diesen Zweck besser geeignet.

Bei der Gummilagerung wird die Absicht verfolgt, den Gesamtschwerpunkt der Anordnung dadurch in Ruhe zu halten (ähnlich wie in § 39), daß man die Schwerpunktsbewegung der Getriebemassen durch eine entgegengesetzt gerichtete Schwerpunktsbewegung der Fundamentmasse ausgleicht. Die Gummiaufhängung kann eine der folgenden Wirkungen haben:

1. Durch die hin- und hergehenden Kolbenmassen werden Massenkräfte und Massenmomente ausgeübt, die sich in bekannter Weise berechnen lassen. Wenn die Anzahl der Zylinder beim Viertaktmotor mehr als vier beträgt, sind die resultierenden Massenkräfte gleich Null, so daß man keine Massenabfederung mehr nötig hat. Besonders störend sind aber diese Massenkräfte z.B. beim Vierzylinder-Viertaktmotor, bei dem sich die Massenkräfte zweiter Ordnung sämtlich addieren, so daß die resultierende Massenkraft viermal so groß ist wie die Massenkraft zweiter Ordnung, die von einem Zylinder herrührt.

2. Auch bei Motoren mit vollständigem Massenausgleich (z.B. Sechszylinder-Viertaktmotor) können Massenkräfte, z.B. durch die Bewegung und das Aufstoßen der Ventile, hervorgerufen werden, die sich ebenfalls vom Motor auf das Fundament übertragen. Da diese Kräfte verhältnismäßig klein sind, werden sie im allgemeinen nur wenig Störung verursachen.

3. Vom Motor werden Geräusche auf das Fundament übertragen, die durch eine Gummiaufhängung wesentlich abgedämpft werden können.

4. Durch das schwankende Drehmoment, das als Folge der Zündungsstöße ausgeübt wird, wird die Welle bald nach der einen, bald nach der anderen Richtung verdreht, was ebenfalls störende Rückwirkungen auf das Fundament zur Folge haben kann. Die umlaufenden Massen der Kurbelwelle erleiden Drehbeschleunigungen, die, ähnlich wie die unter 1. genannten Massenbeschleunigungen, auf das Fundament zurückwirken. Der Umlauf der Kurbelwelle ist um so ungleichmäßiger, je weniger Zylinder vorhanden sind. Die Größe dieses auf das Fundament zurückwirkenden Momentes kann man berechnen, wenn das Tangentialdruckdiagramm und das Trägheitsmoment der umlaufenden Massen bekannt sind.

Im nachfolgenden befassen wir uns nur mit den störenden Wirkungen zu 1. und 4. Die Wirkungen zu 1. rufen Massenkräfte in Richtung der Zylinderachse, die zu 4. Massenmomente um eine Achse in Richtung der Kurbelwelle hervor. Wenn man die Rückwirkung der Massenkräfte zu 1. auf das Fundament mildern will, muß man kleine Bewegungen des Motorgestells (Kurbelwelle, Kurbelwanne, Zylinderdeckel usw.) in Richtung der Zylinderachse zulassen. In ähnlicher Weise muß man, wenn man die Bewegung zu 4. mildern will, kleine Drehbeschleunigungen des Motorgehäuses um die Kurbelwelle zulassen. Im allgemeinen werden beide Bedingungen zugleich erfüllt werden müssen. Die Gummiaufhängung muß also so ausgeführt werden, daß einerseits das Motorgestell kleine Bewegungen in Richtung der Zylinderachse und kleine Drehungen um die Kurbelwelle ausführen kann und daß bei einer Auslenkung des Motorgehäuses aus der Mittellage eine rückwirkende Kraft auftritt, die das Motorgehäuse in die Ausgangslage zurückzuführen sucht.

Durch die Gummilagerung kann man natürlich die Schwerpunktsverschiebung der Getriebemassen nicht vollständig ausgleichen, da mit der Verschiebung des Fundaments eine Formänderung des Gummis verbunden ist, durch die eine elastische Kraft auf die Umgebung ausgeübt wird. Je nachgiebiger man die Gummilagerung gestaltet (z. B. durch besonders dicke Gummiklötze), desto geringer sind die Kräfte, die vom Fundament über die Gummilagerung auf die Umgebung übertragen werden, desto geringer ist aber auch die Rückstellkraft, mit der das Fundament in seine Ausgangslage zurückgebracht wird. Zur Berechnung der Gummiunterlagen muß man einen Ausschlagminderungsfaktor γ annehmen, der angibt, in welchem Maße der Schwingungsausschlag in der Umgebung des Fundaments herabgesetzt werden soll. Ein Faktor $\gamma = 3$ würde also z. B. heißen, daß durch die Gummilagerung die Ausschläge in der Umgebung des Fundaments auf ein Drittel, die fortgeleitete Schwingungsenergie also auf ein Neuntel herabgesetzt wird.

Es ist wichtig, daß die resultierende Massenkraft und die resultierende Rückstellkraft der Gummilagerung angenähert auf der gleichen Geraden liegen. Bei einer stehenden Verbrennungskraftmaschine ist die resultierende Massenkraft lotrecht gerichtet. Sie geht ungefähr durch die Mitte der Kurbelwelle. Wenn wir eine äußere Kraft am ruhenden Motor angreifen lassen, muß das Fundament also infolge der Gummilagerung eine Parallelverschiebung in gleicher Richtung ausführen. Wenn die umlaufenden Getriebemassen ein resultierendes Massenkraftmoment ausüben, so soll ein gleiches statisches Moment eine Verdrehung des Fundaments um die gleiche Achse ohne Parallelverschiebung zur Folge haben.

Die Dämpfung des Gummis oder der nachgiebigen Unterlagen spielt bei dieser Betrachtung keine Rolle. Es sollen ja nicht die Schwingungen durch die Gummiaufhängung gedämpft, sondern es sollen die Bewegungen der Getriebemassen durch entgegengesetzt gerichtete Bewegungen der Fundamentmassen ausgeglichen werden. Wir betrachten zuerst eine Einzylindermaschine, deren Fundament in Gummi gelagert ist. Wir bezeichnen mit m die reduzierte Kolbenmasse, mit r den Kurbelradius und mit $\omega = \dfrac{\pi n}{30}$ die Winkelgeschwindigkeit der Kurbeldrehung. Die Massenkraft 1. Ordnung P_I ist $P_{\mathrm{I}0} \cdot \cos \omega t$. Dabei ist

$$P_{\mathrm{I}0} = m r \omega^2. \tag{87}$$

Das abgefederte Fundament (Kurbelwanne, Zylinder usw.) mit der Masse m_F führt Verschiebungen um den Betrag $\xi = \xi_0 \cdot \cos \omega t$ aus. Die größte mit der Fundamentbewegung verbundene Massenkraft Q_0 ist:

$$Q_0 = m_F \, \xi_0 \, \omega^2. \tag{88}$$

Endlich ist die größte elastische Kraft F_0, die mit der Fundamentverschiebung verbunden ist, gleich

$$F_0 = c\, \xi_0 \,, \tag{89}$$

wobei c eine Konstante ist, die aus den Abmessungen der Gummibeilage und dem Elastizitätsmodul des Gummis berechnet werden kann. Man kann c auch durch statische Eichung bestimmen. Im Beharrungszustand ist, wenn wir die Dämpfung vernachlässigen:

$$P_{\mathrm{I}0} = Q_0 + F_0. \tag{90}$$

Ohne Gummibeilage würde die Kraft $P_{\mathrm{I}0}$ auf das Fundament übertragen, mit Gummibeilage wird die Kraft F_0 übertragen. Der Verbesserungsfaktor γ berechnet sich also zu:

$$\gamma = \frac{P_{\mathrm{I}0}}{F_0}. \tag{91}$$

Aus den Gl. (87) bis (90) folgt

$$m r \omega^2 = m_F \, \xi_0 \, \omega^2 + c\, \xi_0 \tag{92}$$

und aus Gl. (87), (89), (91) und (92):

$$\gamma = \frac{m r \omega^2}{c\, \xi_0} = \frac{m_F \, \omega^2 + c}{c} \; ; \quad c = \frac{m_F \, \omega^2}{\gamma - 1}. \tag{93}$$

Wenn die Fundamentmasse m_F und die Winkelgeschwindigkeit ω gegeben sind, kann man mit Hilfe von Gl. (93) das zu einem bestimmten Federungswert c zugehörige Verbesserungsverhältnis γ

berechnen. Das Verbesserungsverhältnis γ ist nach Gl. (93) um so größer, je rascher die Maschine umläuft. Die Gummibeilage wird demnach erst bei den raschen Drehzahlen der Motoren besonders wirkungsvoll. Es schadet nichts, daß die Gummiaufhängung bei niedrigen Drehzahlen nur eine geringe Wirkung γ hat, da ja die Massenkräfte nur bei den hohen Drehzahlen störend große Werte annehmen[1].

§ 41. Gummilagerung eines Vierzylinder-Viertaktmotors. Besonders große Bedeutung hat die Gummilagerung beim Vierzylinder-Viertaktmotor, dessen Kurbeln um 180° gegeneinander versetzt sind. Die Kurbelwelle ist symmetrisch ausgebildet, das Massenmoment ist also Null. Die Massenkräfte 2. Ordnung addieren sich von den vier Getrieben. Wenn das Schubstangenverhältnis mit λ und die größte resultierende Massenkraft 2. Ordnung mit $R_{\mathrm{II}0}$ bezeichnet wird, ist

$$R_{\mathrm{II}0} = 4\, m\, r\, \lambda\, \omega^2. \tag{94}$$

Da hier nur eine resultierende Kraft, kein Moment übertragen wird, muß die Gummilagerung so ausgeführt werden, daß das Fundament infolge einer in Richtung der Massenkräfte an der Mitte der Kurbelwelle angreifenden statischen Kraft parallel in Richtung der Zylinderachse verschoben wird.

Unter Berücksichtigung von Gl. (94) kann Gl. (92) für diesen Fall geschrieben werden:

$$4\, m\, r\, \lambda\, \omega^2 = m_F\, \xi_0\, (2\,\omega)^2 + c\, \xi_0. \tag{95}$$

Bei der Fundamentmassenkraft ist berücksichtigt, daß sie ebenfalls mit der Winkelgeschwindigkeit $2\,\omega$ ihre Phase ändert. Aus Gl. (95) folgt, unter Berücksichtigung von Gl. (93)

$$\gamma_{\mathrm{II}} = \frac{4\, m\, r\, \lambda\, \omega^2}{c\, \xi_0} = \frac{m_F\, 4\, \omega^2 + c}{c}\; ; \quad c = \frac{4\, m_F\, \omega^2}{\gamma_{\mathrm{II}} - 1}. \tag{96}$$

Die Wirkung γ_{II} der elastischen Beilage ist also bei der Massenkraft 2. Ordnung wesentlich größer als bei der Massenkraft 1. Ordnung bei gleicher Drehzahl.

Bei der Gummiabfederung des Fundamentes muß man dafür sorgen, daß die Eigenschwingungszahl des Fundaments mit der Gummiabfederung weit unter der Maschinendrehzahl liegt.

§ 42. Einfluß der Dämpfungsfähigkeit des Gummis auf die Abfederung. Bei den vorausgehenden Betrachtungen werden nicht Schwingungen abgedämpft, sondern es wird die Fortleitung von

---

[1] Siehe auch Mitt. des Wöhlerinst. Heft 28, Verlag Fr. Vieweg 1936.

Schwingungen dadurch unterbunden, daß die freien Massenbewegungen der Getriebeteile durch entgegengesetzt gerichtete Massenbewegungen des Fundaments ausgeglichen werden. Diese Unterscheidung zeigt schon, daß nicht die Dämpfungsfähigkeit des federnden Werkstoffs (also z. B. des Gummis) ausgenützt werden soll, sondern die große Nachgiebigkeit.

Dadurch, daß man das Fundament auf eine nachgiebige Unterlage setzt, schafft man ein schwingungsfähiges Gebilde (Fundament + Federung), dessen Eigenschwingungszahl sehr tief liegt. Wenn die Maschine im Tempo dieser Eigenschwingungszahl umläuft, werden große Schwingungsausschläge des Fundaments aufgeschaukelt. In diesem Falle würde die Dämpfungsfähigkeit des Werkstoffs eine Rolle spielen. Je dämpfungsfähiger die Gummizwischenlage ist, bei desto geringeren Ausschlägen würde man einen Beharrungszustand erhalten, so daß in diesem Falle eine starke Dämpfungsfähigkeit sehr erwünscht wäre. Gewöhnlich liegt aber die Eigenschwingungszahl des Fundaments so tief, daß die Maschine nur ganz kurz durch diese Eigenschwingungszahl hindurchgeht. Es bleibt dann keine Zeit zum Aufschaukeln großer Schwingungsausschläge; die Gummibeilage wird dann, selbst wenn sie vollständig dämpfungsfrei wäre, keine größeren Ausschläge verursachen. In einem praktischen Fall ist aber immer zu untersuchen, ob tatsächlich die Eigenschwingungszahl der Anordnung keine Resonanzerregung befürchten läßt, wenn man dämpfungsarmen Gummi verwenden will.

Es gibt natürlich auch Fälle, bei denen die Gummilagerung nicht den Ausgleich der Massenverschiebungen im Getriebe hervorrufen soll, sondern wo sie als Ersatz für irgendeine Federung verwendet wird. In diesem Falle nimmt der Gummi, ähnlich wie eine Stahlfeder die Energie auf. Wenn Stöße im Tempo der Eigenschwingungszahl der Anordnung auftreten können, werden große Schwingungsausschläge erhalten. Es hängt die Wirkung der Gummifederung ganz wesentlich von der Dämpfungsfähigkeit des Werkstoffs ab. Es ist vorteilhaft, daß eine Gummifederung namentlich bei kleinen Beanspruchungen eine viel stärkere verhältnismäßige Dämpfung hat als irgendeine metallische Federanordnung. Das sind aber Ausnahmen. In den Regelfällen, in denen Gummi zur Abfederung von Maschinenfundamenten verwendet wird, ist große Dämpfungsfähigkeit des Gummis gar nicht erwünscht, so daß man am besten einen hochelastischen Gummi für diese Zwecke verwendet [1].

---

[1] Thum, A.: Z. VDI 1936, S. 513, vertritt die Ansicht, daß große Dämpfungsfähigkeit des Gummis für diesen Zweck nützlich sei.

V. Versuchsergebnisse mit Schwingungsdämpfern.

§ 43. Dieselgenerator von 500 PS[1]. a) Beschreibung der Anlage. Der Dämpfer wurde für einen Dieselmotor geliefert, der von der Warschauer Lokomotivfabrik (Warszawaska Spolka Akcyjna Budowy Parowozow) gebaut worden war. Der Motor war im städtischen Elektrizitätswerk in Kolomea, Polen, aufgestellt und trieb einen Drehstromgenerator von der Brown-Boweri A.G. Motor und Generator waren direkt gekuppelt, d. h. zwischen dem Schwungrad und dem Generator war kein Lager vorhanden. Einige Angaben über die Anlage sind in der folgenden Zusammenstellung gegeben:

Zylinderzahl	6
Zylinderbohrung	340 mm
Kolbenhub	500 mm
Leistung, normale	500 PS
Drehzahl	300 1/min
Generatorspannung	6000 V
Generatorstrom, bei normaler Belastung etwa	50 A
Trägheitsmoment der hin- und hergehenden Massen eines Zylinders	224,5 cm kg sec²
Trägheitsmoment der hin- und hergehenden Massen des Kompressors	39,0 cm kg sec²
Trägheitsmoment des Schwungrades	35 600 kg cm sec²
,, des Generators	7 400 ,,
,, der Erregermaschine . . .	63,8 ,,

Alle elastischen Längen des Schwingungssystems wurden auf das polare Trägheitsmoment der Kurbelwelle $J_p = 15\,200$ cm^4 und die Trägheitsmomente aller Massen auf den Kurbelradius $R = 250$ mm bezogen. Die Berechnung der Eigenschwingungszahlen der Anlage ergab die Eigenschwingungszahl 1. Grades von 2025 1/min und die 2. Grades von 3350 1/min. Die aufgenommenen Torsiogramme zeigten, daß die Eigenschwingungszahl 1. Grades etwa bei 1990 1/min liegt; eine Erregung der Schwingung 2. Grades konnte nicht festgestellt werden. Das reduzierte Schwingungssystem und die Schwingungsbilder der ungedämpften Schwingung 1. und 2. Grades sind in Abb. 45—47 wiedergegeben. Man sieht insbesondere, daß in dem Wellenstück zwischen Schwungrad und Generator bei der Schwingung 2. Grades sehr viel Energie aufgespeichert ist. Da die Dämpfung etwa verhältnisgleich der aufgespeicherten Energie ist, ist die Schwingung 2. Grades für einen bestimmten Ausschlag stark gedämpft. In Übereinstimmung mit dieser theoretischen Überlegung trat die Schwingung 2. Grades gegenüber der 1. Grades bei den Messungen ganz zurück.

---

[1] Die Versuche sind durchgeführt von W. Popoff. Siehe auch Z. VDI 1933 S. 19.

b) Versuchsdurchführung. Auf dem Kompressorende des Motors befand sich das Reglergehäuse (der Motor hatte einen Achsenregler), an dem durch einen Flansch eine Zahnradpumpe für die Schmierung des Motors angeschlossen war. Der Dämpfer wurde zwischen der Pumpe und dem Regler eingebaut, indem die Zahn-

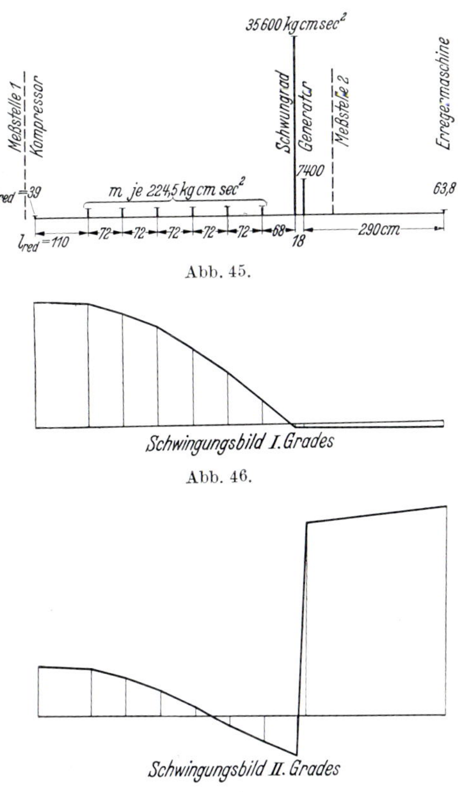

Abb. 45.

Abb. 46.

Abb. 47.

Abb. 45—47. Massenverteilung und schwingungselastische Linien für eine ortsfeste 500 PS. Dieselmaschine mit Drehstromgeneratoren.

radölpumpe durch ein rohrförmiges Zwischenstück an dem Reglergehäuse befestigt wurde. Bei den Versuchen zeigte es sich, daß das Zwischenstück zu eng war — es erlaubte nicht die Beleuchtung der stroboskopischen Ablesevorrichtung, die zur Beobachtung der Dämpferausschläge diente. Das Zwischenstück wurde aus diesem Grunde durch drei Eisenwinkel ersetzt und erst nach erfolgter Abstimmung des Dämpfers wieder eingebaut.

Es wurden Torsiogramme mit festem und freischwingendem Dämpfer aufgenommen und zwar an zwei Stellen des Systems: 1. direkt hinter dem Dämpfer und 2. direkt hinter dem Generator (nach der Seite der Erregermaschine).

Der Torsiograph an der Meßstelle 1 wurde von einer zweiteiligen Holzscheibe aus angetrieben, die auf der Kupplung des Dämpfers mit der Kurbelwelle aufgesetzt war. Ihr Durchmesser war 222 mm, der Durchmesser der Torsiographenscheibe 148 mm, die Übersetzung von Kurbelwelle zum Torsiographen war also 1 : 1,5. Der Torsiograph wurde auf dem Reglergehäuse befestigt, die Länge des Antriebsbandes war etwa 90 cm. Die Eigenschwingungszahl der Zeitmarkierung war bei allen Versuchen 3000 1/min, die Auslösung derselben erfolgte bei jeder 10. Umdrehung der Torsiographenscheibe. Im Torsiogramm entspricht also die Strecke zwischen je zwei Auslösungen $\frac{10}{1,5}$ Umdrehungen der Kurbelwelle. Die Ausschläge werden dreifach vergrößert aufgezeichnet.

Ist L die Länge, die zehn Schwingungen der Zeitmarkierung entspricht und U die Strecke zwischen je zwei Auslösungen der Zeitmarkierung, so ist die entsprechende Drehzahl des Motors:

$$n = 3000 \frac{L \cdot 10}{10 \cdot U \cdot 1,5} = 2000 \frac{L}{U}.$$

Einem Doppelausschlag von $2\,A$ mm im Torsiogramm entspricht eine Verdrehung der Welle nach jeder Seite von

$$a = \pm \frac{A \cdot 57,3}{3 \cdot 222} = \pm A \cdot 0,086 \text{ Graden.}$$

Bei den Torsiogrammen, die an der Meßstelle 2 aufgenommen wurden, erfolgte der Antrieb des Torsiographen direkt von der Welle zwischen dem Generator und der Erregermaschine. Der Wellendurchmesser war 185 mm, die Übersetzung also $\frac{185}{148} = 1,25$. Die Strecke zwischen je zwei Auslösungen der Zeitmarkierung entspricht also $\frac{10}{1,25} = 8$ Umdrehungen der Kurbelwelle. Die Hebelvergrößerung war 12, die Länge des Antriebsbandes etwa 3 m. Für die Bestimmung der Drehzahl des Motors ergibt sich nun die folgende Beziehung

$$n = 3000 \frac{L \cdot 8}{10 \cdot U} = 2400 \frac{L}{U}.$$

Einem Ausschlag von $\pm A$ mm entspricht eine Verdrehung der

Kurbelwelle nach jeder Seite von

$$a = \pm \frac{A \cdot 57{,}3}{12 \cdot 185} = A \cdot 0{,}0258 \text{ Graden.}$$

c) Beschreibung des Dämpfers. Der Dämpfer (Abb. 48) besteht aus einem hohlen Gummizylinder von 240 mm Länge, 240 mm Außen- und 70 mm Innendurchmesser, der an beiden Enden durch zwei Metallscheiben, die fest auf der Welle aufgekeilt sind, eingespannt ist. Die Mitte des Gummizylinders kann gegen die beiden Enden frei schwingen. Die Eigenschwingungszahl des Gummizylinders beträgt 2550 1/min. Durch Anbringen von Zusatz-

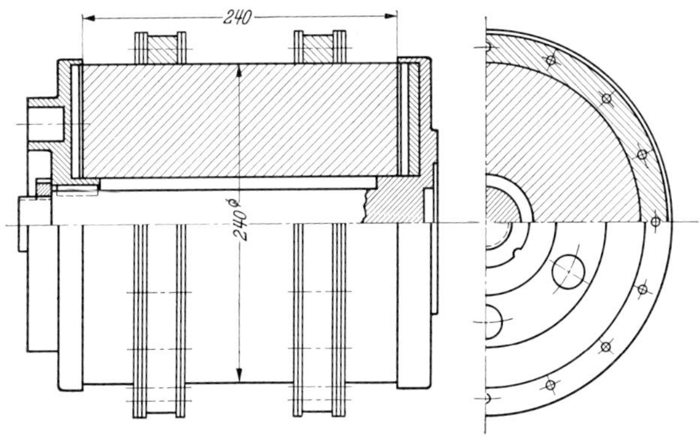

Abb. 48. Doppeltwirkender Resonanzschwingungsdämpfer für eine 500 PS-Dieselmaschine

massen auf dem Gummizylinder kann sie auf 1990 1/min erniedrigt werden.

Auf dem Dämpfer sitzen zwei Zusatzmassen, die je aus einem Gummiring und fünf Eisenblechringen bestehen. Das Massenträgheitsmoment jeder Zusatzmasse beträgt 0,376 kg cm sec². Die Eigenschwingungszahl des Dämpfers ist 2020, wenn beide Zusatzmassen in der Entfernung gleich ein Viertel der Länge des Gummizylinders von der Mitte angebracht werden. Durch Aufsetzen von Viertelringen aus Eisenblech von je 0,012 kg cm sec² kann sie nun weiter erniedrigt werden. Die richtige Abstimmung erfolgte bei einer Zusatzmasse von 0,40 kg cm sec² auf jeder Seite des Dämpfers.

Um den Gummikörper in Resonanz mit der Schwingung 1. Grades der Anlage zu bringen, müßte er bei beiderseitiger Einspannung mit einer Länge l von

$$l = \frac{60}{2 \cdot 1990} \sqrt{\frac{8{,}6}{1{,}51 \cdot 10^{-6}}} = 36{,}0 \text{ cm}$$

ausgeführt werden, wenn der Gleitmodul $G = 8,6$ kg/cm² und die bezogene Masse $\mu = \dfrac{\gamma}{g} = 1,51 \cdot 10^{-6}$ kg sec² cm⁻⁴ ist. Zur genauen Abstimmung auf die Eigenschwingungszahl der Anlage wurde der Gummikörper aber gekürzt und die zusätzlichen Abstimmungsringe aufgesetzt, die das gekürzte Stück ersetzen. Bei einer Kürzung des Gummizylinders auf 24 cm ist das Kürzungsverhältnis

$$\lambda = \frac{24}{36,0} = 0,667.$$

Der hohle Gummizylinder (Abb. 48) ist zu beiden Seiten durch Stirnplatten fest mit der Welle verbunden. In den Stirnflächen des Gummikörpers sind Nuten eingefräst, in die sich entsprechende Rippen der Einspannscheiben hineinlegen. Der Gummikörper wird um etwa ein Zehntel seiner Länge durch Anziehen der für diesen Zweck links in Abb. 48 vorgesehenen Mutter vorgespannt. Die Eigenschwingungszahl des vorgespannten Gummikörpers beträgt nach Versuch 2550 Schw/min. Sie wird durch Aufbringen von Zusatzmassen auf den Gummikörper auf 1990 Schw/min erniedrigt. Bei einer Neuausführung würde man die Einspannung an den Stirnseiten zweckmäßigerweise durch Aufvulkanisieren ersetzen. Bei der gewählten Kürzung $\lambda = 0,667$ ist eine Zusatzmasse erforderlich

$$J_z = \frac{2}{\pi \lambda} \cdot J_d \cdot \operatorname{cotg} \frac{\pi \lambda}{2} .$$

Das Massenträgheitsmoment des Gummikörpers ist:

$$J_d = J_p \cdot \mu \cdot 1 = \frac{\pi}{32}(24^4 - 7^4) \cdot 1,51 \cdot 10^{-6} \cdot 24 = 1,17 \text{ kg cm sec}^2$$

$$J_z = \frac{2}{\pi \cdot 0,667} \cdot 1,17 \operatorname{cotg} \frac{\pi \cdot 0,667}{2} = 0,648 \text{ kg cm sec}^2.$$

Die Schwingungsausschläge der Kurbelwelle wurden bei den Versuchen mit dem Geigerschen Torsiographen gemessen. Am Dämpfer wurde eine Vorrichtung angebracht, durch die der Dämpfer am Schwingen gehindert werden konnte. Dadurch konnte man auf einfache Weise die Dämpferwirkung ausschalten und das Verhalten des Schwingungssystems mit und ohne Dämpfer vergleichen, ohne durch das Abmontieren des Dämpfers die Eigenschwingungszahl der Anlage wesentlich zu verändern.

Die gemessenen Schwingungsausschläge bei den kritischen Drehzahlen sind in Zahlentafel 12 wiedergegeben.

Gleichzeitig wurden die Dämpferausschläge mit Hilfe einer stroboskopischen Ablesevorrichtung beobachtet. Der Dämpferausschlag bei der 9. Ordnung betrug $\pm 1,9°$, das Aufschaukelungs-

Zahlentafel 12. Schwingungsausschläge eines ortsfesten
Dieselmotors ohne und mit Dämpfer.

Drehzahl des Motors	Ordnungszahl der harmon. Kraft	Meßstelle 1			Meßstelle 2		
		Größter Ausschlag der Welle		Wirkung des Dämpfers in %	Größter Ausschlag der Welle		Wirkung des Dämpfers in %
		ohne Dämpfer in Grad	mit Dämpfer in Grad		ohne Dämpfer in Grad	mit Dämpfer in Grad	
166	12	0,34	0,17	50%		—	—
222	9	0,65	0,35	46%	0,07	0,04	43%
268	$7^1/_2$	0,60	0,33	45%	0,054	0,026	52%
332	6	0,85	0,62	39%	0,18	0,082	54%

verhältnis, d.h. das Verhältnis des Dämpferausschlags zu dem entsprechenden Wellenausschlag ist $\dfrac{1,91}{0,34} = 5,6$. Bei der 6. Ordnung
wurde ein Dämpferausschlag von etwa $\pm 3,2°$ beobachtet, das
Aufschaukelungsverhältnis ist $\dfrac{3,2}{0,52} = 6,1$.

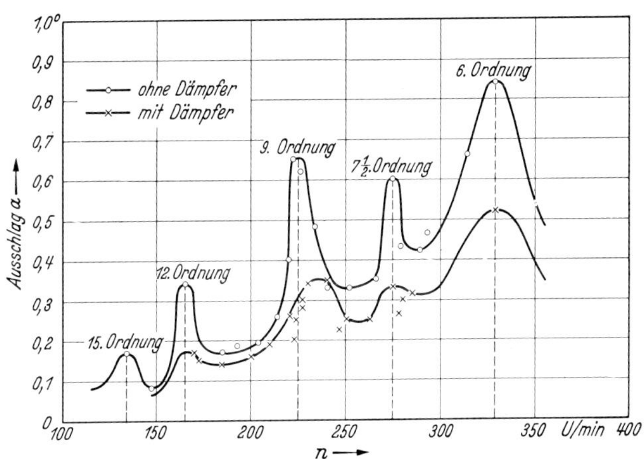

Abb. 49. Drehschwingungsausschläge für eine ortsfeste Dieselmaschine mit
und ohne Dämpfer.

Die aus den mittleren Torsiogrammausschlägen berechnete Resonanzkurve ist in Abb. 49 dargestellt. Der mittlere Torsiogrammausschlag ist als Mittelwert aller Ausschläge über 2 Wellenumdrehungen berechnet, da bei einem Viertaktmotor die gleiche Schwingungsform nach jeder zweiten Umdrehung der Welle wieder vorkommt.

Aus den mittleren Ausschlägen ist auch die Dämpferwirkung in Zahlentafel 12 berechnet als Verhältnis der Verminderung des Ausschlages durch den Dämpfer zu dem Ausschlag, der sich bei fest-

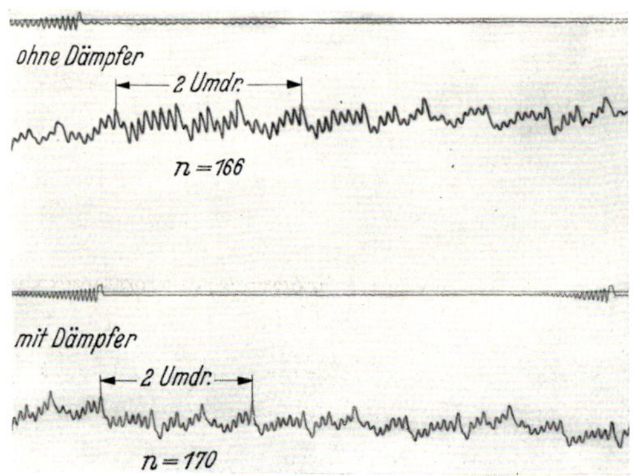

Abb. 50. Schwingungsaufnahmen mit dem Geigerschen
Torsiographen (12. Ordnung).

gehaltenem Dämpfer einstellt. Dabei muß berücksichtigt werden, daß die Bestimmung der Dämpferwirkung in dieser Weise etwas zu ungünstig ausfällt, da sie auf Grund des mit dem Torsiographen

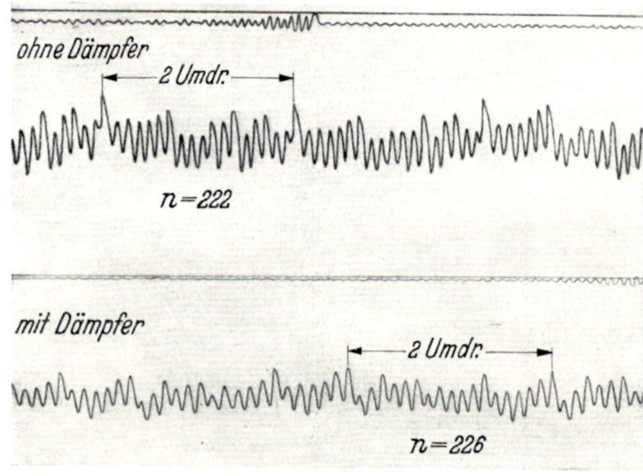

Abb. 51. Schwingungsausschläge 1. Grades 9. Ordnung,
aufgenommen an Meßstelle 1.

gemessenen mittleren Ausschlags berechnet ist. Der Torsiograph zeichnet aber nicht nur die wirklichen Schwingungsausschläge, sondern auch Beschleunigungen und Verzögerungen der ganzen

Kurbelwelle auf. Diese zusätzlichen Ausschläge, bei denen also keine Verwindung stattfindet, lagern sich über die Verdrehungsausschläge und vergrößern sie scheinbar. Auf diesen Zusatzausschlag wirkt der Dämpfer nicht ein.

In Abb. 50 und 51 sind Originaltorsiogramme wiedergegeben, die an der Meßstelle 1 aufgenommen wurden. Unter dem Torsiogramm der entsprechenden Ordnung ohne Dämpfer ist das Torsiogramm gezeigt, das bei etwa gleicher Drehzahl aber mit Dämpfer aufgenommen wurde, wobei in beiden Fällen die Stellen mit dem größten Ausschlag ausgesucht sind.

Abb. 52 zeigt ein Torsiogramm, das an der Meßstelle 2 aufgenommen ist. Da die einzige zur Durchführung der Messung zu-

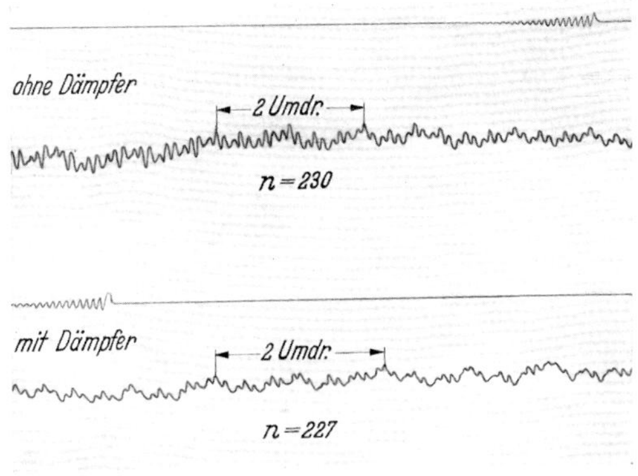

Abb. 52. Schwingung 9. Ordnung an Meßstelle 2.

gängliche Stelle nahe am Knotenpunkt lag, sind die gemessenen Ausschläge klein. Da die Dämpfermasse sehr klein gegen die übrigen Massen der Anlage ist, liegen die Schwingungszahlen 1. und 2. Grades des gekoppelten Schwingungssystems (Schwungmassen der Maschine + Dämpfer) so nahe beieinander, daß eine Aufteilung der kritischen Drehzahlen im Torsiogramm nicht sichtbar wird.

Die im Dämpfer umgesetzte Arbeit wird in Wärme verwandelt. Diese Wärme wird die Temperatur des Gummizylinders erhöhen, solange sie die Wärmemenge, die durch die Ableitung abgeführt wird, überwiegt. Bei den Versuchen konnte keine Erwärmung des Gummikörpers festgestellt werden, da der Motor nur kurze Zeit mit der kritischen Drehzahl lief. Auch nach $1\frac{1}{2}$-stündigem Lauf bei 300 U/min, bei welcher Drehzahl der Dämpfer schon einen merklichen Ausschlag zeigte, war die Erwärmung noch nicht fühlbar.

Die Leistung, die bei der kritischen Drehzahl 6. Ordnung dem Schwingungssystem entzogen und im Dämpfer vernichtet wird, ist aus dem Dämpfermoment und dem Schwingungsausschlag der Kurbelwelle in Zahlentafel 13 berechnet.

Zahlentafel 13. Im Dämpfer vernichtete Arbeit.

Kurbel-wellen-ausschlag bei der 6. Ordnung	Dämpfer-ausschlag	Auf-schau-kelung	Form-ände-rung	Span-nung τ	Dämpfer-moment bei beiderseiti-ger Einspan-nung	Dämpfer-arbeit je Schwingung bei 90° Phasenver-schiebung	Dämpfer-leistung bei $n_e =$ 1990 Schw/min und 45° Phasen-verschiebung
± Grad	± Grad	z	γ_0	kg/cm²	cmkg	cmkg/Schw	PS
0,52	3,2	6,1	0,088	0,755	4070	116	0,362

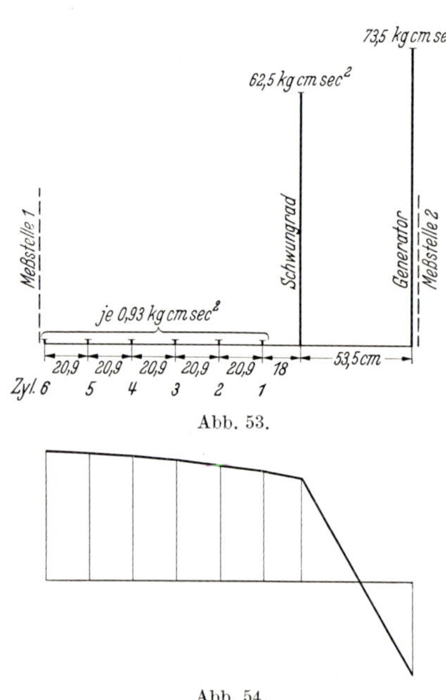

Abb. 53.

Abb. 54.

Abb. 53 u. 54. Reduziertes Schwingungssystem eines 80 PS-MAN-Fahrzeug-Dieselmotors mit schwingungselastischer Linie.

§ 44. Dämpfer für einen Fahrzeugdieselmotor der MAN[1] (Augsburg). Der Motor hatte eine Höchstleistung von 80 PS, einen Drehzahlbereich von 400 bis 1100 Umdr/min und war auf dem Prüfstand mit einem Gleichstromerzeuger gekuppelt. In Abb. 53 ist das reduzierte Schwingungssystem und in Abb. 54 das Bild der Schwingung 1. Grades gezeigt. Die Eigenschwingungszahl 1. Grades beträgt 3250 Schw/min. Als gefährliche kritische Drehzahlen kommen die kritische Drehzahl 6. Ordnung bei 542 Umdr/min und die kritische Drehzahl 3. Ordnung bei 1080 Umdr/min in den Arbeitsdrehzahlbereich des Motors. Die Eigenschwingungszahl 2. Grades beträgt 7900 1/min. Sie stört den Betrieb der Maschine nicht.

[1] Die Versuche sind von H. Isemer auf dem Prüfstand der MAN mit dankenswerter Unterstützung durch die MAN ausgeführt worden. Siehe auch W. Popoff: Z. VDI 1933 S. 19.

Um dieselbe Eigenschwingungszahl $n = 3250$ 1/min zu haben, muß der Gummikörper bei den in dem ersten Beispiel angegebenen Zahlenwerten für Gleitmodul und bezogene Masse 22,0 cm lang sein. Zwecks Abstimmung durch Zusatzmassen wird er auf 16,0 cm gekürzt. Der Aufbau des Dämpfers ist aus Abb. 55 ersichtlich. Der Gummikörper wird beiderseitig durch zwei Stahlscheiben, die mit Rippen versehen sind, um etwa ein Zehntel seiner ursprünglichen Länge vorgespannt. In der Mitte des Gummikörpers ist eine Zusatzmasse von 0,127 cm kg sec² angeordnet. Die Dämpferausschläge in der Mitte des Gummikörpers wurden bei den Versuchen mit einer stroboskopischen Ablesevorrichtung beobachtet. Die Schwingungsausschläge der Welle wurden nur bei den kritischen Drehzahlen 6. und 3. Ordnung durch zwei Geigersche Torsiographen an beiden Wellenenden gleichzeitig gemessen (Meßstelle 1 und 2 in Abb. 53), und zwar wieder bei festgesetztem

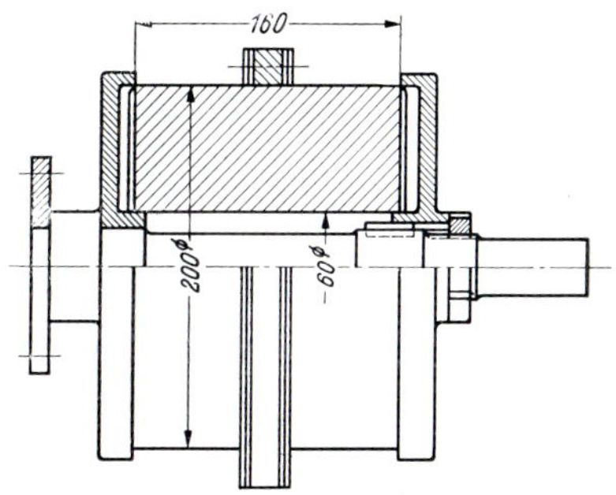

Abb. 55. Dämpfer für einen 80 PS-Dieselmotor der MAN, Augsburg.

und freischwingendem Dämpfer. Die aus den mittleren Torsiogrammausschlägen berechnete Resonanzkurve zeigt Abb. 56.

Wie aus den Resonanzkurven ersichtlich ist, tritt bei dieser Versuchsanlage für die gesamte Anlage mit Dämpfer deutlich die Aufteilung der ursprünglichen Eigenschwingungszahl 1. Grades in zwei neue Eigenschwingungszahlen von etwa 3060 bzw. 3400 Schw/min ein. Die Verschiebung der Resonanzlage beträgt etwa 5% nach jeder Seite. Das Trägheitsmoment des Gummikörpers beträgt bei diesem Dämpfer 0,42 cm kg sec², das Verhältnis dieses Trägheitsmoments zum Trägheitsmoment der reduzierten Triebwerksmassen eines Motorzylinders $\frac{0,42}{0,93} = 0,455$.

Aus den Resonanzkurven, die den Ausschlag am Generatorende der Anlage wiedergeben, ist ersichtlich, daß die Ausschläge bei den beiden neuen Eigenschwingungszahlen nicht gleich groß sind, trotz der Gleichheit der beiden Ausschläge am Kurbelwellenende. Auf den ersten Blick würde diese Tatsache zu dem Schluß führen, daß der Dämpfer nicht richtig abgestimmt wäre. Da diese Feststellung nur für die Ausschläge am Generatorwellenende gilt, so ist anzunehmen, daß sich an diesem Ende noch eine Ungleichmäßigkeit in der

Drehung der Kurbelwelle über den Schwingungsausschlag über-
lagert, die vom Torsiographen als Vergrößerung des Ausschlages
aufgezeichnet wird. Diese Ungleichmäßigkeit der Drehung der
Kurbelwelle ist wahrscheinlich eine Folge von den drei Zündungen
je Umdrehung des Viertaktmotors.

Die Mittelwerte der gemessenen Resonanzausschläge und die
daraus berechnete Dämpferwirkung sind aus Zahlentafel 14 ersichtlich. Die prozentualen Werte der Dämpferwirkung erscheinen bei
der Schwingung 3. Ordnung als besonders ungünstig, da hier drei

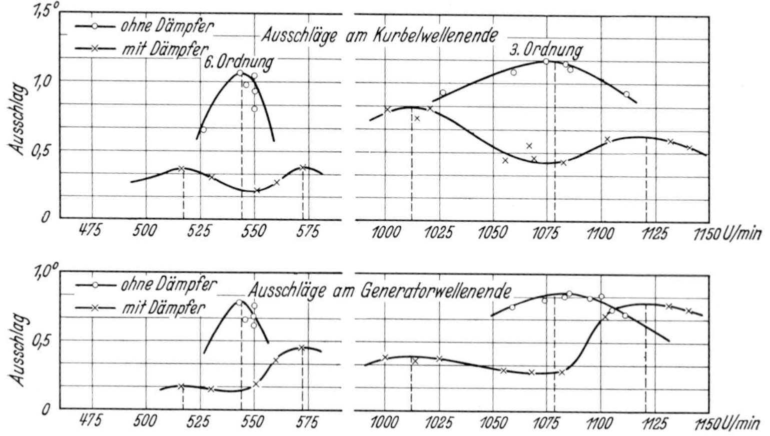

Abb. 56. Schwingungsausschläge in Abhängigkeit von der Drehzahl bei Betrieb mit und ohne
Dämpfer.

Drehbeschleunigungen zusammen mit drei Eigenschwingungen
auf eine Umdrehung der Kurbelwelle erfolgen. Um die richtige
Dämpferwirkung zu erhalten, müßte man den Schwingungsausschlag sowohl bei festgesetztem wie bei freischwingendem Dämpfer
um den Betrag der Drehbeschleunigung vermindern wodurch sich
zahlenmäßig eine bessere Dämpferwirkung ergeben würde.

Bei der Schwingung 6. Ordnung beträgt der Kurbelwellenausschlag 0,37°, der entsprechende Dämpferausschlag ist 2,33° und das
Aufschaukelungsverhältnis ist 6,3. Bei der Schwingung 3. Ordnung
wurde ein Dämpferausschlag von 4,66° beobachtet, das Aufschaukelungsverhältnis ist $\frac{4,66}{0,82} = 5,6$. Eine Erwärmung des Gummikörpers konnte bei den Versuchen nicht festgestellt werden, da der
Dämpfer nur kurze Zeit mit den kritischen Drehzahlen lief.

Auf demselben Motor wurde von der MAN Augsburg noch ein

Zahlentafel 14. Schwingungsausschläge des Fahrzeugdieselmotors.

Kritische Drehzahlen		Resonanzverschiebung in %	Ordnung des Erregungsmoments	Meßstelle 1			Meßstelle 2		
bei festgehaltenem Dämpfer	bei freischwingendem Dämpfer			Größter Ausschlag bei festgehaltenem Dämpfer in Grad	Größter Ausschlag bei freischwingendem Dämpfer in Grad	Dämpferwirkung in %	Größter Ausschlag bei festgehaltenem Dämpfer in Grad	Größter Ausschlag bei freischwingendem Dämpfer in Grad	Dämpferwirkung in %
544	517	5,0	6	1,06	0,37	65%	0,78	0,16	80%
	572	5,2			0,37	65%		0,45	42%
1078	1012	6,1	3	1,17	0,82	30%	0,87	0,40	54%
	1120	3,9			0,62	47%		0,78	10%

Dämpfer bei einer höheren Eigenschwingungszahl der Anlage erprobt. Da die Versuche mit dem ersten Dämpfer eine Verminderung
der Schwingungsausschläge bei der Schwingung 3. Ordnung um
durchschnittlich 35% ergaben, wurde für den zweiten Versuch ein
größerer Dämpfer vorgesehen.

Die Eigenschwingungszahl 1.
Grades der Anlage war 5520 Schw/
min. Die Länge des ungekürzten
beiderseitig eingespannten Gummikörpers mit $G = 8,6\,\text{kg/cm}^2$ und
$\mu = 1,51 \cdot 10^{-6}\ \text{kg sec}^2\ \text{cm}^{-4}$ beträgt 13,4 cm, er ist auf 10 cm
gekürzt worden. Den Aufbau des
Dämpfers zeigt Abb. 57. Das Trägheitsmoment des Gummikörpers
beträgt 0,66 cm kg sec², das Verhältnis zu dem Massenträgheitsmoment eines Motorzylinders ist
$\dfrac{0,066}{0,93} = 0,71$. Nach Angaben der

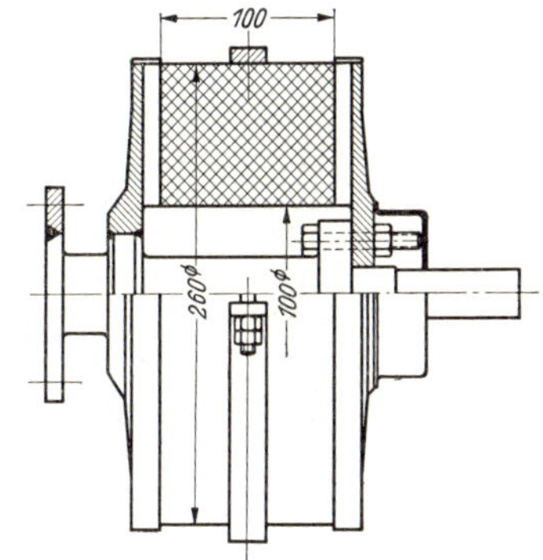

Abb. 57. Dämpfer für einen 80 PS-MAN-
Fahrzeug-Dieselmotor (geänderte Anlage).

MAN werden mit diesem Dämpfer die Schwingungsausschläge der
kritischen Drehzahl 6. Ordnung bei 922 Umdr/min praktisch ganz
beseitigt. Durch den Dämpfer tritt eine Aufteilung der Eigenschwingungszahl in zwei neue Eigenschwingungszahlen auf, die um
$\pm 8\%$ von der ursprünglichen Eigenschwingungszahl abweichen.
Sie betragen also 5080 Schw/min und 5960 Schw/min. Bei den
neuen kritischen Drehzahlen 6. Ordnung 846 Umdr/min und
995 Umdr/min sind aber die Schwingungsausschläge um 50%
kleiner als die Ausschläge ohne Dämpfer bei 922 Umdr/min. Bei
richtiger Abstimmung des Dämpfers sind die Ausschläge am Strom-

erzeugerwellenende ähnlich wie bei dem ersten Versuch durch die Ungleichförmigkeit der Kurbelwellendrehung bei 995 Umdr/min etwas größer als bei 846 Umdr/min. Diese Ungleichheit der Schwingungsausschläge konnte durch eine kleine Verstimmung des Dämpfers ausgeglichen werden. Die günstigsten Ergebnisse sind mit einer Zusatzmasse von 0,19 kg cm sec^2 erreicht worden.

§ 45. Dämpfer für einen BMW-IV-Reihenflugzeugmotor von 250 PS Leistung. Über die Versuchsergebnisse, die auf den Versuchsständen der DVS Braunschweig und der DVL Adlershof gewonnen worden sind, ist eingehend in der Arbeit P. Bosse „Resonanzdrehschwingungsdämpfer . . ."[1], berichtet worden. Die Anordnung ist dadurch vor den übrigen hier behandelten Dämpfermessungen ausgezeichnet, daß die Schwunggewichte, die mit der

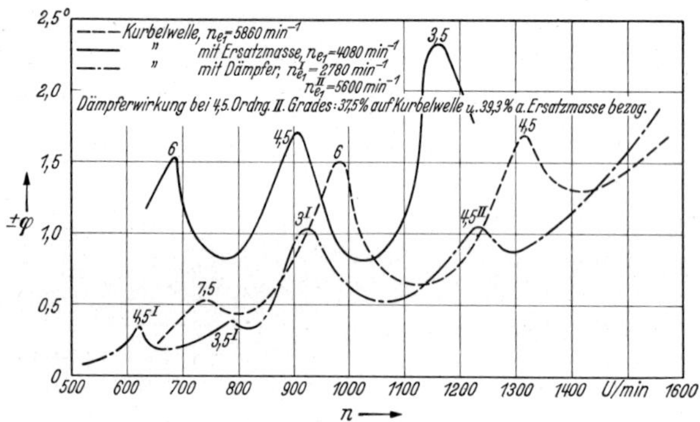

Abb. 58. Schwingungsausschläge eines BMW-Reihenflugzeugmotors.

Kurbelwelle verbunden sind, im Verhältnis zu den auftretenden Kolbendrücken nur sehr gering sind, so daß das Schwunggewicht des Dämpfers besonders groß gegenüber den übrigen Schwunggewichten ist.

Die Wirkung des Dämpfers, der in gleicher Weise doppeltwirkend ausgeführt ist, wie die vorausgehend besprochenen Dämpfer, ist aus Abb. 58 zu ersehen. Die gestrichelte Kurve zeigt die Ausschläge des Kurbelwellenendes ohne Dämpfer, die strichpunktierte Linie die Ausschläge mit Dämpfer und die ausgezogene Linie die Ausschläge ohne Dämpfer aber mit einer Ersatzmasse von der gleichen Schwungmasse wie der Dämpfer. Der Vergleich der Kurven 1 und 3 zeigt, daß die Ausschläge 6. und 4½. Ordnung durch die zusätzliche Anbringung der Ersatzmasse in ihrer abso-

---

[1] Mitt. Wöhler-Inst. 1932, H. 13, Verlag Friedr. Vieweg.

luten Größe ($\pm$ 1,5 bis 1,7°) kaum geändert werden. Besonders ungünstig ist beim Aufsetzen der Ersatzmasse, daß die Eigenschwingungszahl der Anordnung so stark erniedrigt wird, daß die gefährliche Schwingungserregung von der $3\frac{1}{2}$. Ordnung schon in den Betriebsbereich (bis 1400 Umdr/min) fällt.

Durch das Aufsetzen des Dämpfers sind die gefährlichsten Schwingungsausschläge, die ohne Dämpfer $\pm$ 1,7° betragen, innerhalb des Betriebsbereichs (bis 1400 1/min) auf $\pm$ 1,1° erniedrigt worden. Dabei ist noch zu berücksichtigen, daß die größten Beanspruchungen der Kurbelwelle ohne und mit Dämpfer bei gleichem Kurbelwellenausschlag sich etwa wie 3:2 verhalten. Die größte Beanspruchung in der Kurbelwelle ist also in diesem Fall durch das Aufsetzen des Dämpfers auf weniger als die Hälfte erniedrigt worden.

§45a. Scheibenschwingungsdämpfer. Die Drehschwingungen einer Kurbelwelle kann man auch in der Weise wesentlich abdämpfen, daß man eine nachgiebige Scheibe (Abb. 59) auf die Kurbelwelle aufsetzt, die in der Mitte mit der Kurbelwelle verbunden ist und die außen durch aufgesetzte Schwungscheiben etwa auf

Abb. 59. Resonanzdrehschwingungen eines Scheibendämpfers aus Gummi.

die Eigenschwingungszahl der Kurbelwelle abgestimmt ist. Die Scheibe, die zweckmäßig aus Gummi hergestellt ist, macht bei den Schwingungen der Kurbelwelle besonders große Drillungsschwingungsausschläge, die mit entsprechend großer Werkstoffdämpfung verbunden sind. E. Küchler[1] hat die Wirkung von solchen Scheibenschwingungsdämpfern eingehend untersucht und dabei vor allem festgestellt, daß die Scheibe an der Nabeneinspannung nicht nachgeben darf. Man vulkanisiert deshalb zweckmäßig solche Scheibenschwingungsdämpfer auf die Nabe auf, was von den Conti-Werken in Hannover in einwandfreier Weise durchgeführt werden

---

[1] Mitt. Wöhler-Inst., 1934, H. 23, Verlag Friedr. Vieweg.

kann. Bei der Aufnahme (Abb. 59) sind weiße radiale Striche auf den Scheibendämpfer aufgezeichnet, die beim Schwingen entsprechend dick aussehen. Infolge der Nachgiebigkeit in der Einspannung sind diese Striche auf dem Stahlteil der Nabe stärker verbreitert als auf dem Gummi unmittelbar hinter der Einspannung.

Küchler hat insbesondere festgestellt, daß die Aufschaukelung der Schwingung 1. Grades viel stärker erfolgt als die der Schwingung 2. Grades. Bei gleichem Weg der Erregerstelle ist die in der Scheibe enthaltene Schwingungsenergie bei der Schwingung vom höheren Grad viel größer als bei der Schwingung vom 1. Grad. Die Dämpfungsarbeit ist aber verhältnisgleich der Schwingungsenergie. Auf jede Schwingung müßte deshalb zur Aufpendelung des höheren Grades von der Kurbelwelle aus mehr Energie zugeführt werden als zur Aufpendelung der Schwingung vom 1. Grad bei gleichem Winkelweg und gleichem übertragenden Moment. Der Schwingungsdämpfer für die Schwingung vom höheren Grad ist deshalb wesentlich weniger wirkungsvoll. Die Betrachtung wird noch wegen ihrer Wichtigkeit durch einen einfachen Modellversuch im folgenden Paragraphen erklärt werden.

§ 46. Drehschwingungsdämpfer für höhere Schwingungsgrade.

In Abb. 60 ist ein Drehschwingungsdämpfer von der in § 35 beschriebenen Art dargestellt. Die Eigenschwingungszahl 1. Grades des Schwingungsdämpfers ist 950 1/min. Wenn die Erregung n mit der Frequenz 2850 1/min erfolgt, wird der Dämpfer ebenfalls zu großen Ausschlägen angeregt, die in Abb. 61 wiedergegeben sind. Für den Versuch ist es gleichgültig, ob man an der Einspannstelle 1 Drehschwingungen einleitet, wie es tatsächlich der Fall war, oder ob man Zugdruckschwingungen durch achsiale Bewegung der Einspannstelle im Tempo der longitudinalen Eigenschwingungszahl erregt.

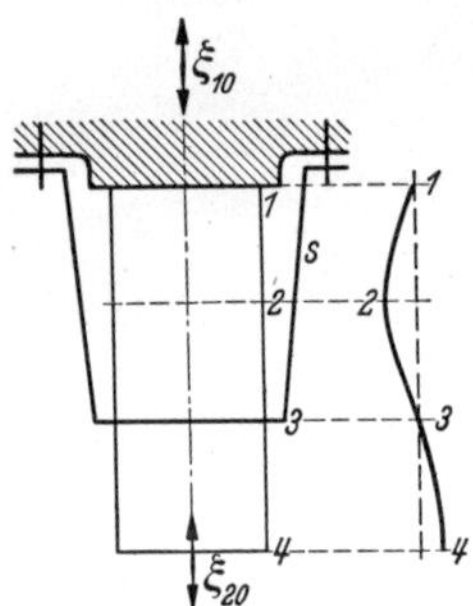

Abb. 60 u. 61.
Schwingung 2. Grades eines Drehschwingungsdämpfers.

Wenn die im Dämpfer umgesetzte Werkstoffdämpfung vernachlässigt wird, kann man feststellen, daß ein Schwingungsknotenpunkt an der Einspannstelle 1 und einer an der Stelle 3 auftritt. Für die Schwingung des Dämpfers wäre es bei Vernachlässigung der Reibung also ohne Bedeutung, wenn wir an der Stelle 3 ein starres Gestell angreifen lassen würden, das mit dem Fundament oder mit der Erregerstelle 1 fest verbunden sein könnte. Durch dieses Gestell s wird der gesamte Dämpfer in drei Teile aufgeteilt, von denen das 1. Stück an der Stelle 1 eingespannt ist und an der Stelle 2 besonders große Ausschläge macht, während das 2. und 3. Stück an der Stelle 3 eingespannt sind und an den Stellen 2 und 4 besonders große Ausschläge machen. Das Gestell s hätte für den Dämpfer keine Bedeutung, solange wir uns um die Werkstoffdämpfung nicht kümmern.

Wegen der infolge Werkstoffdämpfung in Wärme umgesetzten Schwingungsenergie ist aber die Stelle 1 nicht vollkommen in Ruhe, sondern sie führt kleine Bewegungen aus, die im praktischen Fall nur ein Zehntel oder ein Zwanzigstel vom Größtausschlag ξ_{20} betragen mögen. Dieser kleine Weg ist aber insofern wesentlich, als durch ihn erst Energie in den Dämpfer eingeleitet werden kann.

Das Gestell s, dessen Anbringung für den reibungsfreien Dämpfer vollständig wirkungslos ist, hat beim wirklich ausgeführten Dämpfer zur Folge, daß durch die Einspannstelle 1 nur ein Drittel der insgesamt im Dämpfer umgesetzten Energie auf den Dämpfer übertragen werden muß, während ohne Gestell die gesamte Energie durchgeleitet werden muß. Die übrigen zwei Drittel der im Dämpfer umgesetzten Energie werden durch das Gestell übertragen. Infolge der größeren zugeführten Energie schaukelt sich der Dämpfer mit Gestell stärker auf, so daß das Moment, das an der Stelle 1 vom Dämpfer auf das Fundament in der äußersten Lage übertragen wird, viel größer ist als ohne Gestell. Es läßt sich zeigen, daß bei gleichem Größtausschlag ξ_{10} die im Dämpfer vernichtete Energie theoretisch neunmal so groß ist wie der Wert, den man ohne Gestell erhält.

Der praktische Versuch ist im Wöhler-Institut an einem Gummidämpfer von 40 cm Länge gemacht worden, der auf Drehschwingungen beansprucht wurde. Die Eigenschwingungszahl 2. Grades der Anordnung lag bei 2850 1/min. Ohne Gestell s schaukelte sich der Dämpfer auf $\pm 1{,}0$ mm Größtaufschlag auf, mit Gestell und gleichem Erregerausschlag war der Größtausschlag $\pm 2{,}3$ mm. Die in der äußersten Lage aufgespeicherte Formänderungsarbeit ist ebenso wie die im Dämpfer vernichtete Arbeit verhältnisgleich dem Quadrate des Größtausschlags.

Man kann auch den Grund feststellen, warum die Aufschaukelung durch die Anbringung des Gestells s nicht in dem Maße vergrößert worden ist, wie man auf Grund der theoretischen Betrachtung hätte erwarten sollen. Die Schwingung 2. Grades kann bei Anbringen des Gestells nicht so verlaufen, wie es in Abb. 61 dargestellt ist, weil ja der Knotenpunkt 3 zwei Schwingungsästen zugehört, in die beide Energie eingeleitet werden muß. Zu diesem Zwecke muß das erregende Moment an der Stelle 3 dem Winkelausschlag vorauseilen. Das ist aber bei der Anordnung nach Abb. 61 nur für den einen Schwingungsast möglich, während sich beim anderen Schwingungsast das Vorzeichen für den Ausschlagswinkel umkehrt.

Die Schwingung 2. Grades mit Gestell kann nur nach der aus Abb. 62 ersichtlichen Weise aufgeschaukelt werden, bei der die Ausschläge der Stellen 2 und 4 nach der gleichen Richtung verlaufen.

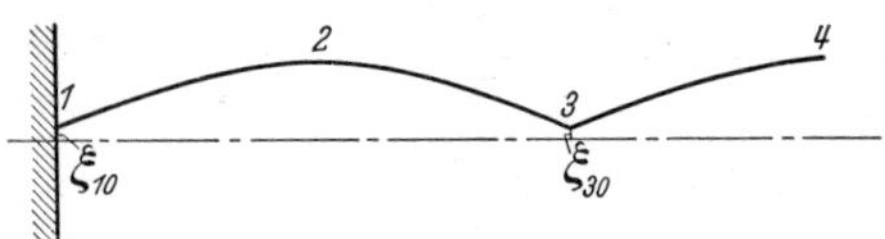

Abb. 62. Schwingungselastische Linie für einen Dämpfer mit Gestell.

Durch das Gestell s wird dabei ein verhältnismäßig großes elastisches Moment übertragen mit der Wirkung, daß das Gestell selbst, wenn es nicht besonders starr ausgeführt wird, verhältnismäßig stark verwunden wird. Der größte Winkelausschlag ξ_{30} ist deshalb beträchtlich größer als der größte Ausschlag ξ_{10} an der Stelle 1.

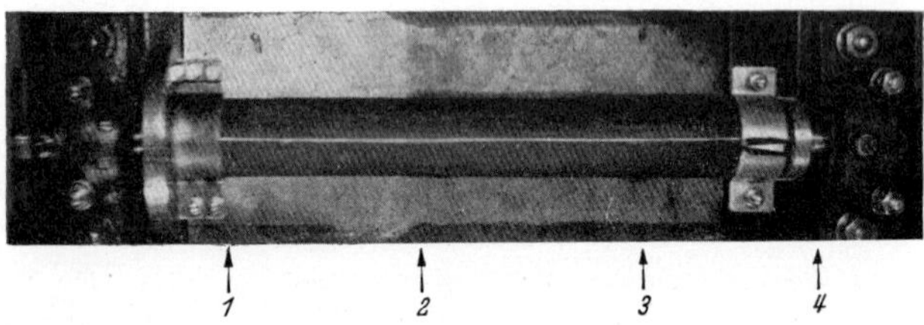

Abb. 63. Zu Drehschwingungen 2. Grades erregter Gummizylinder. Größte Schwingungsausschläge an den Stellen 2 und 4. Knotenpunkte 1 und 3. $n = 2850\ 1/\text{min}$.

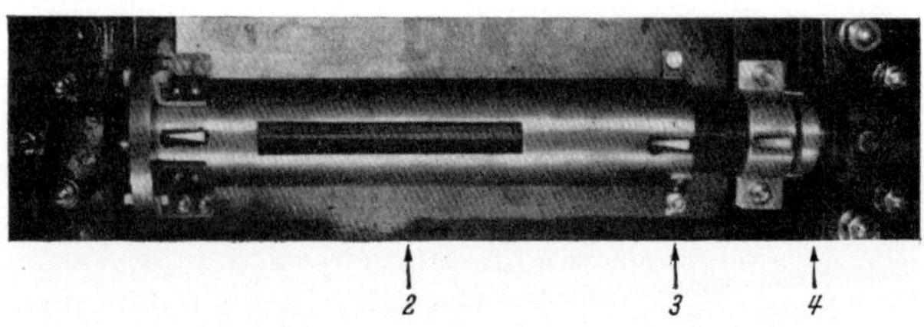

Abb. 64. Dgl. mit Gestell s angreifend an den Knotenpunkten 1 und 3.

In der Abb. 63 ist der Schwingungsdämpfer bei Resonanzerregung mit $n = 2850\ 1/\text{min}$ wiedergegeben, wobei zur Kenntlichmachung des Ausschlags auf dem Gummizylinder ein weißer Strich gezogen ist. Die Abb. 64 zeigt den schwingenden Dämpfer mit dem

Gestell *s*, das aus einem dünnwandigen Stahlrohr besteht. Das Stahlrohr hat einen Längsschlitz, durch den man den drehschwingenden Gummizylinder beobachten kann.

§ 47. Biegeschwingungsdämpfer. Transversalschwingungen von langgestreckten Bauelementen sind in besonders unangenehmer Weise störend in die Erscheinung getreten bei den Fernleitungsanlagen der großen Elektrizitätswerke, die durch einen gleichmäßigen Wind in Schwingungen versetzt worden sind. Mit dieser Aufgabe haben wir uns in § 22 eingehend beschäftigt und gefunden, daß ganz besondere aerodynamische Ablösungsvorgänge für die Erregung solcher Schwingungen nötig sind.

Früher lag diese Erkenntnis noch nicht vor. Man hat damals versucht, die Seilschwingungen ähnlich wie Kurbelwellenschwingungen zu behandeln. Man hat Laboratoriumsversuche in der Weise angestellt, daß man solche Seilschwingungen mechanisch erregt und versucht hat, auf welche Weise man die Schwingungen durch aufgesetzte Dämpfer dämpfen kann. Aus § 37 wissen wir, daß die Übertragung der Verhältnisse, die an mechanisch erregten Schwingungsanlagen gewonnen worden sind, auf die praktischen Seilschwingungen nicht ohne weiteres möglich ist, weil ja die Besonderheit der aerodynamischen Wirbelablösung bei der mechanischen Erregung nicht nachgeahmt wird. Trotzdem sind die früher angestellten Seil- und Biegeschwingungsversuche und die Untersuchung ihrer zweckmäßigen Dämpfung nicht wertlos, weil ja auch in der Praxis mechanisch erregte Biegeschwingungen auftreten, die man mitunter künstlich dämpfen muß.

H. M. Pape[1] hat Seilschwingungen mechanisch erregt und insbesondere die Haltbarkeit der Seile bei diesen Schwingungen an der gefährdeten Stelle (Befestigung der Seile in der Klemme) untersucht.

F. Puritz[2] hat das Zusammenwirken der mechanisch erregten Seilschwingungen mit den Mastschwingungen untersucht und festgestellt, wie weit man solche Schwingungen durch einen auf die gleiche Eigenschwingungszahl abgestimmten Resonanzschwingungsdämpfer aus Gummi verringern kann.

O. H. Look[3] hat die Ergebnisse auf praktische Fälle übertragen. Er hat an einer Fernleitungsanlage gezeigt, daß bei künstlicher Erregung eines Mastes zu Schwingungen Seilschwingungen entstehen, die auf weite Entfernungen fortgeleitet werden und daß man diese Schwingungen durch einen auf die gleiche Schwingungs-

---

[1] Mitt. des Wöhler-Inst., 1930 H. 7.
[2] Mitt. Wöhler-Inst., 1932 H. 12.   [3] Mitt. Wöhler-Inst., 1934 H. 21.

zahl abgestimmten Resonanzschwingungsdämpfer dämpfen kann. Den Betrachtungen von Look liegt der Versuch an einer Schwingungsanordnung nach Abb. 65 zugrunde. Ein Motor m_1 ist auf zwei [-Eisen a gelagert, die eine entsprechend große Spannweite überdecken, so daß die Eigenschwingungszahl der Anordnung [-Eisen plus Motor etwa 1500 1/min beträgt. Wenn der Motor, dessen Anker nicht einwandfrei ausgewuchtet ist, mit 1500 Umdrehungen umläuft, entstehen entsprechend große Biegeschwingungen, die man durch einen auf die gleiche Schwingungszahl (1500 1/min) abgestimmten Dämpfer m_2 abdämpfen kann. Durch das Aufsetzen des Dämpfers wird die eine Schwingungszahl (1500 1 min) in zwei Eigenschwingungszahlen der gesamten Anordnung aufgeteilt. Die Schwingungszahl 1. Grades mag 1400 1/min, die 2. Grades, bei der ein Knoten auf dem Dämpfer in der Nähe seiner oberen Ein-

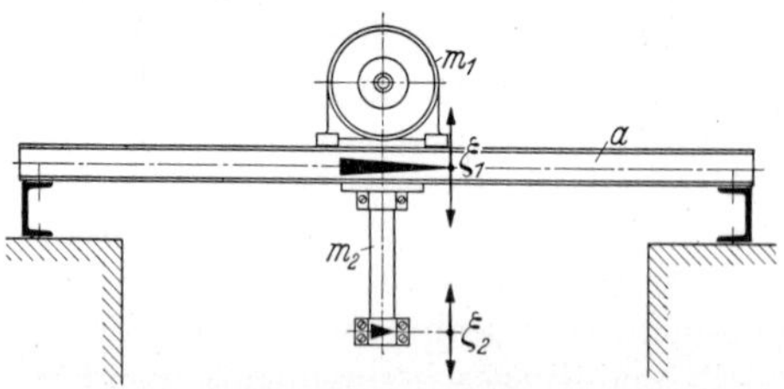

Abb. 65. Biegeschwingungsanordnung, erregt durch eine exzentrisch umlaufende Masse und gedämpft durch den Resonanzschwingungsdämpfer m_2.

spannung vorhanden ist, 1600 1/min betragen. Die Masse m_2 des Dämpfers macht Ausschläge in Achsrichtung vom Größtwert ξ_{20}. Das Aufpendelungsverhältnis $\xi_{20} : \xi_{10}$ ist vor allem abhängig von der Werkstoffdämpfung des Gummis. In praktischen Fällen wird man ähnlich wie beim Drehschwingungsdämpfer eine 7 bis 20fache Aufschaukelung erhalten können, wenn man einen hochelastischen Gummi verwendet.

In der angegebenen Weise kann man insbesondere alle mechanisch erregten Schwingungen von Bauteilen dämpfen, wenn die Erregung mit der Eigenschwingungszahl der Anordnung erfolgt. Es kann z. B. der Mast eines Schiffes Biegeschwingungen bei einer ganz bestimmten Drehzahl der Hauptmaschine des Schiffes ausführen. Man kann diese Schwingungen sehr weitgehend dämpfen dadurch, daß man auf den Mast möglichst in einem Schwingungsbauch einen Resonanzschwingungsdämpfer aufsetzt, der auf die gleiche Schwingungszahl abgestimmt ist. Ähnliche Erscheinungen können an den Tragflügeln der Flugzeuge auftreten, die bei ganz bestimmten Drehzahlen des Motors starke Schwingungsausschläge ausführen.

Die Abdämpfung von Biegeschwingungen durch nachträglich aufgesetzte Resonanzschwingungsdämpfer hat aber nur dann einen wesentlichen Erfolg, wenn die gefährlichen Erscheinungen nur bei ganz bestimmten Drehzahlen des Motors auftreten. Die Erschütterungen des gesamten Flugzeugs, die von Unbalancen oder einem mangelhaften Massenausgleich des Antriebsmotors herrühren, kann man durch Resonanzschwingungsdämpfer nicht wesentlich beeinflussen.

VI. Dämpfung von Schiffs-Schlingerschwingungen[1] und ähnliches.

§ 48. Dämpfung von Schiffsschwingungen allgemein. Auf einem Schiff treten sehr verschiedenartige Schwingungen auf, die durch die an Bord umlaufenden Maschinen, vor allem die Hauptantriebsmaschine, erregt werden. Der Schiffskörper ist aus eisernen Trägern und Platten hergestellt, die fest miteinander verbunden sind. Er ist deshalb ein schwingungsfähiges Gebilde mit besonders geringer Eigendämpfung. Vor allem treten Biegeschwingungen auf, die an den verschiedenen Teilen des Schiffes den Fahrgästen oft recht lästig fallen. Namentlich werden auf den großen Schiffen, die einen sehr soliden Schiffskörper besitzen und auf denen die umlaufenden Maschinen große Energien bei verhältnismäßig hohen Drehzahlen übertragen, große Schwingungsausschläge mitunter gemessen, die mit empfindlichen Störungen für die Fahrgäste verbunden sind.

Man kann diese Schwingungen grundsätzlich auf sehr verschiedene Weise beseitigen. Man kann z. B. die schwingenden Teile stärker versteifen mit ihrer Umgebung, so daß die Eigenschwingungszahl so stark erhöht wird, daß sie außerhalb des Drehzahlbereichs der Antriebmaschine zu liegen kommt. Diese Versteifung würde natürlich zur Folge haben, daß das Totgewicht des Schiffs erhöht würde, was nicht erwünscht wäre.

Man kann die Schwingungen auch dadurch bekämpfen, daß man den die Schwingungen übertragenden Schiffskörper mit größerer Dämpfung versieht. Es wäre nach dieser Richtung z. B. in manchen Fällen empfehlenswert, etwas mehr Rücksicht auf die Dämpfungsfähigkeit des zum Bau des Schiffes verwendeten Stahls

---

[1] Über die Bedeutung der Schlingerdämpfung s. L. Rellstab: Schiffbaut. Ges. 1934. Über aktivierte Schlingerdämpfung H. Hort, ebenfalls Schiffbaut. Ges. 1934.

zu legen, um das Durchleiten der Schwingungen stärker abzudämpfen. Es ist allerdings sehr fraglich, ob man mit dieser Maßnahme sehr viel wird erreichen können, da die Schwingungsausschläge an den einzelnen Stellen verhältnismäßig geringe Werkstoffbeanspruchungen zur Folge haben, denen auch bei dämpfungsfähigem Stahl geringe Dämpfungsbeiwerte zugeordnet sind. Es ist bedauerlich, daß die großen Stahlwerke über die Dämpfungsfähigkeit der verschiedenen von ihnen hergestellten Stahlsorten selbst keine Angaben machen können, da sie diese Werte nicht messen.

Man kann auch durch besondere Ausbildung der Verbindungen der einzelnen Bauteile untereinander die Dämpfungsfähigkeit des Schiffskörpers im ganzen steigern, da kleine Relativbewegungen an den Stoßstellen erhebliche Dämpfungen zur Folge haben. In dieser Hinsicht ist die Schweißung wenig vorteilhaft, die aus anderen Gründen heute der früher üblichen Nietung vorgezogen wird. Eine Nietverbindung läßt immer kleine Relativbewegungen an den Stoßstellen zu, durch die die Schwingungen gedämpft werden. Im Gegensatz dazu erfolgt die Schwingungsübertragung durch eine Schweißstelle hindurch fast verlustfrei. Wenn man nun auch die Schweißung trotz ihrer geringen Dämpfungsfähigkeit an den Hauptverbindungsstellen nicht vermeiden kann, so wird man an anderen Stellen, die auch jetzt noch verschraubt oder genietet werden, vielleicht mit Erfolg eine besonders nachgiebige Verbindung — nicht elastisch nachgebend, sondern kleine Scheuerbewegungen ausführend — vorsehen. Durch das Auflegen eines Verputzes oder eines Teppichs auf eine schwingende Eisenplatte kann man ferner die Dämpfung des Systems erheblich vergrößern.

In manchen Fällen, wenn ausgesprochene Eigenschwingungszahlen vorliegen, wird man aber auch mit dem in § 47 beschriebenen Resonanzschwingungsdämpfer Erfolge haben können, die auf die Eigenschwingungszahl der Anordnung abgestimmt werden.

Mit allen diesen Fragen haben wir uns aber in diesem Abschnitt nicht weiter zu befassen, da die Schwingungen dieser Art auf Schiffen ebenso wie an anderen Bauteilen auftreten. Den Schiffen eigentümlich sind aber die Schwingungen des gesamten Schiffes, die von den Wellen hervorgerufen werden und die namentlich als Schlingerschwingungen störend auftreten. Im nachfolgenden befassen wir uns mit der Frage, wie diese Schlingerschwingungen gedämpft werden können.

§ 49. Das Aufschaukeln von Schiffsschlingerschwingungen. Es kommt schließlich nur auf das Vorzeichen des erregenden Momentes an, ob eine Schiffsschwingung aufgeschaukelt oder gedämpft wird. Wir können deshalb die Frage der Schlingerdämpfung auch in der

Weise behandeln, daß wir zuerst die künstliche Aufschaukelung von Schiffsschwingungen untersuchen, die sich leichter als die künstliche Dämpfung behandeln läßt. In der Praxis geschieht das Aufschaukeln der Schiffsschwingungen durch die Meereswellen, die in einem bestimmten Rhythmus auf den Schiffskörper einwirken. Wir fragen uns hier, wie man durch künstliche Mittel, die im Innern des Schiffs wirken, Schlingerschwingungen erzeugen kann, wenn das Schiff im ruhigen Wasser liegt. Das Aufschaukeln einer Schiffsschwingung kann in einer der vollständig getrennt voneinander zu behandelnden Weisen der beiden nachfolgenden Paragraphen vorgenommen werden. Die Gesetzmäßigkeiten, die wir für die Aufschaukelung von Schiffsschwingungen feststellen, können wir dann ohne weiteres auf die praktisch viel wichtigere Dämpfung von Schlingerschwingungen übertragen.

§ 50. Statische Aufschaukelung. In Abb. 66 ist der Querschnitt durch ein Schiff wiedergegeben. Die Masse m' kann um den Betrag $\pm b_0$ nach beiden Seiten bewegt werden. Wenn diese Bewegung rhythmisch (d.h. $b = b_0 \sin \eta t$) erfolgt und der Rhythmus mit der Eigenschwingungszahl des Schiffs $\left(n = \dfrac{30}{\pi\,\eta}\right)$ übereinstimmt, werden allmählich auch bei Verwendung einer verhältnismäßig kleinen Masse m' mit der Zeit große Schiffsschwingungswinkel $\pm\varphi_0$ erreicht, solange keine Dämpfung in dem System vorhanden ist. Die Massenbewegung m' eilt der Schiffsbewegung um 90° voraus. Auf eine volle Schiffsschwingung wird die Arbeit π- mal Größtkraft mal Größtweg (in Richtung der Kraft) auf das Schiff übertragen. Es ist also:

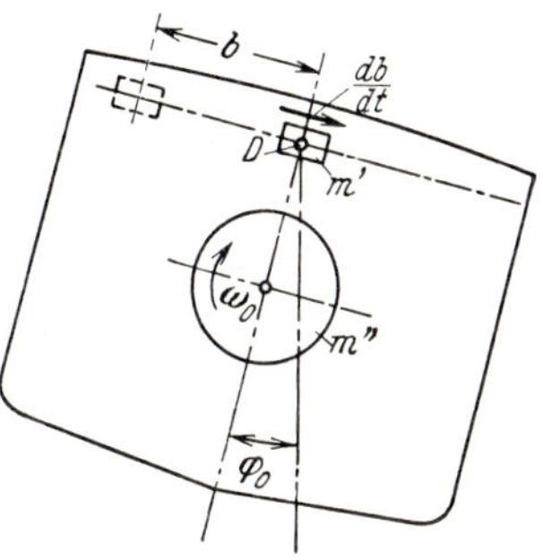

Abb. 66. Schlingerdämpfung durch hin- und hergehende Masse m' oder durch umlaufende Masse m''.

$$\Theta_{\text{Sch}}\,\frac{\omega_n^2 - \omega_{n+1}^2}{2} = \pi\,b_0\,\varphi_0\,m'\,g, \tag{97}$$

ω_n ist dabei die größte Winkelgeschwindigkeit der Schiffsschwingung nach der n-ten und ω_{n+1} diejenige nach der $(n+1)$-ten Schwingungserregung. Θ_{Sch} ist das Trägheitsmoment des Schiffes um seine Längsachse, $m' \cdot g$ ist das Gewicht der Masse und $b_0 \cdot \varphi_0$ der unter der Voraussetzung von kleinen Schwingungsausschlägen zurückgelegte Größtweg aus der Mittellage in lotrechter Richtung, d.h. in Richtung der Kraft. Auf die Schiffsschwingung wirkt das Moment

$M_1 = M_{10} \sin \eta t$ ein, das gleich ist:

$$M_1 = m' g b_0 \sin \eta\, t\,. \qquad (98)$$

Der Weg b der Masse ist $b = b_0 \sin \eta t$. Auf eine Viertelschwingung wird der Impuls J in der Zeit $\dfrac{T}{4} = \dfrac{\pi}{2\,\eta}$ übertragen.

$$J = \int\limits_0^{T/4} m' g b_0 \sin \eta\, t \cdot dt = \frac{m'\, g\, b_0}{\eta}\,. \qquad (99)$$

Wir nehmen an, daß der augenblickliche Schiffsschwingungsausschlag groß sein soll gegen die Änderung des Schwingungsausschlags auf eine viertel Schwingung. Der Einfluß des Momentes auf die Schwingungsdauer ist in diesem Fall vernachlässigbar klein. Der Impuls wird auf eine volle Schwingung viermal ausgeübt, wobei sich die Wirkungen bei 90° Phasenverschiebung addieren. $\Delta \omega_{\mathrm{Sch}} = \omega_{n+1} - \omega_n$ ist die Änderung der größten Winkelgeschwindigkeit des Schiffes auf eine Schwingung, $\Delta \varphi_{\mathrm{Sch}}$ die zugehörige Änderung des größten Schiffsausschlagswinkels. Aus Gl. (99) folgt:

$$\frac{4\, m' g b_0}{\eta} = \Theta_{\mathrm{Sch}} \cdot \Delta\, \omega_{\mathrm{Sch}} = \Theta_{\mathrm{Sch}}\, \eta\, \Delta\, \varphi_{\mathrm{Sch}}\,. \qquad (100)$$

Wir wollen die Gl. (100) auf ein Beispiel anwenden. Das Trägheitsmoment Θ_{Sch} des Schiffes sei gleich $2 \cdot 10^5$ mt sec². Die Schwingungsdauer T des Schiffs betrage 15 sec, also $\eta = 2\,\dfrac{\pi}{T} = 0{,}419$ 1/sec. Die Masse $m_1 \cdot g$, die von einer zur anderen Seite um $b_0 = \pm\, 9{,}5$ m bewegt werden soll, wiege 20 t. Wenn wir diese Zahlenwerte einsetzen, erhalten wir

$$\Delta \varphi_{\mathrm{Sch}\,1} = \frac{4\, m'\, g\, b_0}{\Theta_{\mathrm{Sch}} \cdot \eta^2} = 0{,}0217 \left[\frac{1}{\text{Schwingung}}\right] = 1{,}24°/\text{Schwingung} \qquad (101)$$

$\Delta \varphi_{\mathrm{Sch}}$ ist der Leistungswinkel der Aufschaukelungsvorrichtung.

In Abb. 66 ist die Bahn b der Masse m', die senkrecht zur Schiffsmittellinie gerichtet ist, so gezeichnet, daß sie durch das Lot D der Schwingungsachse des Schiffes hindurchgeht. Die Kräfte, die zum Beschleunigen und Verzögern der Masse m' vom Schiff aus auf die Masse übertragen werden müssen, gehen deshalb durch die Drehachse und haben keinen beschleunigenden oder verzögernden Einfluß auf die Schlingerschwingung. Wenn die Bahn ein Stück nach oben verlagert werden würde, würde zu dem statischen Moment noch ein dynamisches Moment hinzukommen, das eine Vergrößerung des statischen Moments — bei unterhalb D liegender Bahn eine Verringerung des statischen Moments — zur Folge haben würde. Wie wir die statische Aufschaukelung der

Schwingungsbewegung für sich betrachtet haben, wollen wir auch die dynamische getrennt untersuchen.

§ 51. Dynamische Aufschaukelung. In Abb. 66 ist ein Schwungrad m'' eingezeichnet, das um eine Achse umläuft, die parallel zur Schlingerachse des Schiffs gerichtet ist. Wenn das Schwungrad durch ein Moment M_2 beschleunigt oder verzögert wird, wird ein Moment von umgekehrtem Drehsinn auf das Schiff übertragen. Man kann, ohne den Schwerpunkt der Masse m'' zu verlagern, also ohne ein statisches Moment auszuüben, Schiffsschwingungen dadurch anfachen, daß man das Schwungrad bald beschleunigt und bald verzögert, bzw. mit entgegengesetztem Drehsinn beschleunigt. Man muß nur dafür sorgen, daß der Rhythmus des beschleunigenden und verzögernden Momentes M_2 mit dem Rhythmus der Schiffseigenschwingung übereinstimmt, wenn man große Ausschläge erhalten will.

Wir nehmen wieder an, daß das Moment M_2 seine Größe sinusförmig ändert nach der Gleichung

$$M_2 = M_{20} \sin \eta t. \tag{102}$$

Das größte Moment M_{20} wird ausgeübt, wenn das Schiff durch die Mittellage schwingt. Wir nehmen ferner an, daß das Schwungrad m'' zuerst bis zur Winkelgeschwindigkeit ω_D nach der einen Seite und dann — um eine halbe Schwingung später — bis zur Winkelgeschwindigkeit $-\omega_D$ nach der entgegengesetzten Seite beschleunigt werde. Der Impuls $4\,J_2$, der während der Zeit T auf das Schiff ausgeübt wird, ist also gleich

$$4\,J_2 = 4\,\Theta_D\,\omega_D = \Theta_{\mathrm{Sch}} \cdot \Delta\,\omega_{\mathrm{Sch}\,2} = \Theta_{\mathrm{Sch}} \cdot \eta\,\Delta\,\varphi_{\mathrm{Sch}\,2} \tag{103}$$

oder

$$\Delta\,\varphi_{\mathrm{Sch}\,2} = \frac{4\,\Theta_D\,\omega_D}{\eta\,\Theta_{\mathrm{Sch}}}. \tag{103a}$$

Auf je größere Winkelgeschwindigkeiten ω_D wir das Schwungrad nach jeder Seite beschleunigen, desto geringer kann sein Trägheitsmoment Θ_D sein. Der Beschleunigung sind durch Festigkeitsrücksichten Grenzen gesetzt. Es ist vorteilhaft, das Trägheitsmoment Θ_D des Schwungrads möglichst groß zu machen, da dann der hineingesteckte Impuls $\Theta_D\,\omega_D$ im Vergleich zur kinetischen Energie $\frac{1}{2}\,\Theta_D\,\omega_D^2$ klein ist. Natürlich sind erst recht der beliebigen Vergrößerung des Schwungrads Grenzen gesetzt. Der Leistungswinkel der Aufschaukelungsvorrichtung ist wie vorher gleich der Änderung $\Delta\varphi_{\mathrm{Sch}}$ des größten Schiffsschlingerwinkels für zwei aufeinanderfolgende Schwingungen nach Gl. (103a).

In gleicher Weise könnte natürlich auch die Aufschaukelungsvorrichtung als Dämpfungsvorrichtung verwendet werden, wenn das von der Vorrichtung auf das Schiff übertragene Moment nicht um 90° voreilt, sondern um 90° nacheilt. Auf diese Frage wird in einem späteren Paragraphen eingegangen werden. Vorläufig betrachten wir den Vorgang nur als Aufpendelung, da diese Betrachtung weniger gedankliche Schwierigkeiten verursacht.

§ 52. Die Anfachung der Schiffsschwingung mittels Kreisels.

Das Schwungrad m'' (Abb. 66) kann auch dadurch seinen Drehsinn von $+\omega_D$ nach $-\omega_D$ ändern, daß es um die lotrechte oder waagerechte Achse in Abb. 66 um 180° gedreht wird. Eine Vorrichtung dieser Art ist in Abb. 67 dargestellt, bei der das Schwungrad a um die lotrechte Achse $d_1 d_2$ gedreht werden kann. Wir nennen eine solche um eine senkrecht zur Umlaufachse stehende Achse drehbare Anordnung einen Kreisel und wissen, daß bei der Umdrehung des Kreisels um die Achse $d_1 d_2$ ein Moment auf den Rahmen ausgeübt wird, dessen Vektor senkrecht zur Kreiselachse $b_1 b_2$ und zur Rahmenachse $d_1 d_2$ steht. Das Moment hat nur geringe Wirkung auf das Schiff, wenn der Momentenvektor senkrecht zum Längsschnitt des Schiffs steht, da das Schiff ein sehr großes Trägheitsmoment, bezogen auf die Querachse, hat. Wesentlich ist nur der Teil des Momentenvektors, der eine Beschleunigung der Schiffsdrehbewegung um die Längsachse des Schiffes bewirkt.

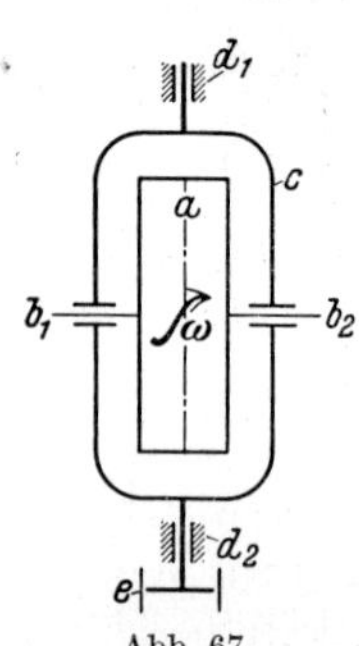

Abb. 67.
Umlaufender Kreisel zum Anfachen von Schiffsschwingungen.

Das Schiff wird dann zu erheblichen Schwingungsausschlägen aufgeschaukelt werden, wenn das Moment M_3 um die Längsachse im Tempo der Eigenschwingungszahl des Schiffs umläuft

$$(M_3 = M_{30} \cdot \sin \eta t).$$

Die Wirkung des in Resonanz mit der Schiffsschwingung umlaufenden Kreisels ist gleich der des nach beiden Drehrichtungen hin beschleunigten Schwungrads, die im vorigen Paragraph behandelt worden ist. Aus Gl. (103a) kann man also wieder den Aufpendelungswinkel $\varDelta \varphi_3$ für eine Schiffsschwingung berechnen. ω_D ist in dieser Gleichung natürlich gleich der Umdrehungsgeschwindigkeit des Kreiselschwungrads um die Achse $b_1 b_2$, während ω_{Sch} die größte Winkelgeschwindigkeit der Schiffsschwingung ist. Θ_D ist wieder das Trägheitsmoment des Kreisels bezogen auf seine Achse $b_1 b_2$ und η die Eigenschwingungsfrequenz des Schiffes, die ebenso groß ist wie die Winkelgeschwindigkeit der Rahmendrehung um die Achse $d_1 d_2$.

§ 53. Verwendung des Rotationskreisels zum Antrieb von anderen Schwingungsanordnungen der Praxis. Der Rotationskreisel hat nicht nur für die Aufschaukelung bzw. Dämpfung von Schiffsschwingungen Bedeutung; er kann auch zur Aufpendelung von Schaukelschwingungen, Glockenschwingungen usw. verwendet wer-

Abb. 68. Schaukel, angetrieben durch einen Rotationskreisel.

den. Seeliger[1] hat Versuche mit dem Rotationskreisel angestellt und das Schwungrad des Kreisels in zwei gleiche Schwungräder aufgeteilt, die er symmetrisch auf die beiden Wellenstümpfe des Antriebs gesetzt hat. Zur Betätigung der Drehung um die Rahmenachse $d_1 d_2$ benützte Seeliger einen zweiten Motor (Schwenkmotor), der durch ein Schneckengetriebe seine Energie übertragen

---

[1] Seeliger, J.: Mitt. Wöhler-Inst., 1936 H. 27.

hat. Natürlich kann statt Kreiselmotor und Schwenkmotor auch nur ein Motor vorgesehen werden, der einerseits das Kreisel-

Abb. 69. Der Rotationskreisel auf der Schaukel.

schwungrad in Umdrehungen versetzt und anderseits dabei gleichzeitig durch Vermittlung von Kegelrädern die Drehung des Rahmens um die Achse $d_1 d_2$ bewirkt.

Abb. 70. Kirchenglocke, angetrieben durch Rotationskreisel e.

Eine Anordnung des Rotationsmotors zum Antrieb einer Schaukel ist in Abb. 68 und 69 dargestellt.

Die Schaukel a von etwa 4 m Länge ist an der Decke b drehbar gelagert. Auf dem Schaukelbrett sitzt der Rotationskreisel c, der zwei Schwungräder $d_1 d_2$ trägt. Der Kreisel wird durch einen Elektromotor e angetrieben, der selbst auf einem Rahmen f sitzt. f ist um die vertikale Achse drehbar in dem festen Rahmen g gelagert. Er kann mit Hilfe des Kurbeltriebes h unter Zwischenschaltung des Schneckentriebs i von Hand in einem bestimmten Tempo um die lotrechte Achse gedreht werden. Wenn nun der Schaukler, der auf der Bank sitzt, die Kurbel h so umdreht, daß die Zeit zum Umdrehen des Rahmens f mit der Schwingungsdauer der Schaukel übereinstimmt, wird bei entsprechend rasch umlaufenden Kreiselrädern d ein entsprechend großes Moment auf die Schaukel ausgeübt, das immer in den Totlagen mit der Schaukelschwingung seinen Drehsinn ändert.

Wenn man die Kurbel h zu rasch oder zu langsam umdreht, fällt der Kreiselimpuls mit der Schaukelschwingung außer Takt. Die Schaukel wird nicht aufgeschaukelt, sondern abgebremst. An einem Versuchsmodell kann man an dem der Kurbeldrehung sich widersetzenden Moment stets erkennen, ob man im richtigen

Abb. 71. Rotationskreisel auf den Querbalken der Glocke.

Takt kurbelt: Wenn man außer Takt kommt, fällt das widerstehende Moment weg, die Handkurbel dreht sich von selbst und der Kreisel entzieht dabei der Schaukel Energie.

Der kleine Motor k (Abb. 69) kann als Ersatz für die Handkurbel eingeschaltet werden. Man kann dann durch elektromotorische Kraft aufschaukeln.

Eine praktische Verwendung kann der Rotationskreisel zum Antrieb von Kirchenglocken finden. In Abb. 70 ist z. B. eine große Kirchenglocke von 2 t Gewicht auf dem Versuchsstand der Glockenläutefirma Bokelmann & Kuhlo in Herford wiedergegeben, die mit dem Kreiselmotor e und dem Schwenkmotor k angetrieben wird. Der Antrieb ist in Abb. 71 vergrößert dargestellt. Man sieht insbesondere die Schwungmassen d, die auf dem Kreiselmotor e sitzen, und man sieht den Schwenkmotor k, der durch ein Übersetzungsgetriebe 1 : 50 den Kreiselrahmen um seine lotrechte Achse dreht. Bei einem Versuch wurde die Glocke in 20 bis 25 Schwingungen auf einen Größtausschlag von $\pm 60°$ aufgeschaukelt.

Nähere Angaben über die Wirkung und die Versuchsergebnisse mit dem Schaukelantrieb und dem Glockenantrieb sind von J. Seeliger[1] veröffentlicht worden.

§ 54. Die nicht genau in Resonanz angetriebene Aufschaukelungsvorrichtung. Bei den vorausgehenden Betrachtungen ist angenommen, daß die Aufschaukelungsvorrichtung genau im Tempo der Eigenschwingungszahl der Anordnung wirkt. Wir fragen uns jetzt, welchen Einfluß es hat, wenn die Frequenz des erregenden Impulses von der Eigenschwingungszahl der Anordnung ein wenig abweicht. Die erregende Kraft bzw. das erregende Moment eilen in diesem Falle der zu erregenden Schwingung nicht mehr um genau $90°$ voraus. Wir können den erregenden Vektor zerlegen in eine Komponente k_1, die mit der Schwingung gleichgerichtet ist und eine Komponente k_2, die der erzwungenen Schwingung um $90°$ vorauseilt. Durch die Komponente k_1 wird die Eigenschwingungszahl verlagert. Im Beharrungszustand ist k_1 so groß, daß die geänderte Eigenschwingungszahl mit der Erregerzahl übereinstimmt. Die Komponente k_2 bewirkt wie in den vorausgehenden Fällen die Aufschaukelung. Sie wirkt solange aufschaukelnd, bis die innere Dämpfung des Systems gleich der zugeführten Energie ist. Bei einem reibungsfreien System ist im Beharrungszustand $k_2 = 0$, während k_1 dem gesamten erregenden Kraftvektor gleich ist, der also nur eine Verlagerung der Schwingungszahl zur Folge hat.

Wenn die Phasenverschiebung zwischen erregendem Impuls und erregter Schwingung nicht gleich $90°$ ist, so ist in der äußersten Schwingungslage das erregende Moment nicht gleich null. Bei dem in § 52 behandelten Rotationskreisel würde z. B. bei Phasenverschiebung die Drehachse des Kreisels in der Schwingungstotlage des Schiffes nicht parallel zur Schwingungsachse des Schiffes liegen. Es wird dann nicht der gesamte Impuls zur Aufschaukelung der Schwingung verwendet, sondern ein Teil des Impulses dämpft die Schwingung. Das ist vom Standpunkt einer möglichst großen Aufschaukelung gesehen nachteilig, weil die Aufschaukelungsvorrichtung dann zeitweise im falschen Sinne wirkt und insgesamt längst nicht so wirkungsvoll ist wie eine im richtigen Tempo wirkende Anordnung. Insbesondere wird bei Schwingungen mit schwacher Eigendämpfung eine scharfe Resonanzkurve auftreten derart, daß

---

[1] Seeliger, J.: Mitt. Wöhler-Inst., 1936, H. 27. Verlag Friedr. Vieweg.

schon bei verhältnismäßig kleinen Abweichungen der Impulsfrequenz von der Eigenschwingungszahl des zu erregenden Schiffes die Aufschaukelung wesentlich geringer ist als bei richtigem Resonanzantrieb.

Die gleichen Betrachtungen gelten für Dämpfungsvorrichtungen. Die beste Dämpfungswirkung erhält man dann, wenn die Dämpfungsvorrichtung der Schwingung um 90° nacheilt. Wenn die Vorrichtung um einen positiven oder negativen Betrag von dieser günstigsten Phasenverschiebung abweicht, wird sie nur zeitweise dämpfen und zu anderen Zeiten aufschaukeln. Man muß deshalb bei sämtlichen Dämpfungsvorrichtungen — sie mögen nach irgendeinem der vorausgehend beschriebenen Prinzipien betrieben werden — dafür sorgen, daß 90° Phasenverschiebung vorhanden ist, oder daß das größte Moment beim Durchschwingen durch die Nullage auftritt; das Moment muß sein Vorzeichen ändern, wenn die Schwingung in der äußersten Schwingungslage ist.

Die künstlichen Maßnahmen, mit denen man eine möglichst günstige Ausnützung einer Aufschaukelung oder Dämpfung zu erreichen sucht, verfolgen also immer das Ziel, daß die dämpfende Kraft oder das dämpfende Moment in der äußersten Schwingungslage ihr Vorzeichen ändern.

§ 55. Eigenheiten der bisherigen Schwingungsdämpfung von Schiffen. — Der Schlicksche Schiffskreisel. Man hat bisher die Schwingungsdämpfung von Schiffen so betrieben, daß man durch das schwingende Schiff eine Dämpfungsvorrichtung in Betrieb gesetzt hat, ohne daß man sich um die Einhaltung der zweckmäßigsten Phasenverschiebung viel gekümmert hätte.

Die erste Dämpfungsvorrichtung stammt von O. Schlick, Hamburg, der einen Kreisel von der in § 52 beschriebenen Art, aber ohne künstlichen Antrieb der Rahmendrehung, vorgeschlagen hat. Der Kreisel sollte sich selbst überlassen bleiben und dafür sorgen, daß sich das Schiff nicht so stark aufschaukelt. A. Föppl[1] hat nachgewiesen, daß man nur dann eine günstige Dämpfungswirkung des Kreisels erhält, wenn man die Rahmenbewegung abbremst. Die Bremsung erfolgte aber stets durch ein Moment, dessen Größe von der Schwenkgeschwindigkeit des Rahmens abhängig war und das nicht durch die Schiffsbewegung selbst gesteuert wurde. Der schwingende Kreisel hat demnach in seiner früheren Ausführungsform die Schwingung nur zeitweise gedämpft und zeitweise aufgeschaukelt, so daß seine Gesamtwirkung nur aus der Differenz der beiden Teilwirkungen hervorgeht.

---

[1] Föppl, A.: Vorl. a. d. Techn. Mech. Bd. VI. Verlag B. G. Teubner.

Bei der rechnerischen Auswertung hat man überdies die von der Wirklichkeit weit abweichende Annahme gemacht, daß die Reibungs- oder Bremskraft für die Rahmendrehung verhältnisgleich der Rahmengeschwindigkeit sein sollte. Für diesen idealisierten, oder von der Wirklichkeit stark abweichenden Fall hat man sehr genaue Berechnungen angestellt. Insbesondere hat Hahnkamm[1] die Gleichungen für den Schiffskreisel, den Kreiselkompaß usw. aufgestellt und sehr eingehende Betrachtungen darüber angestellt, wie man die günstigsten Fälle unter den gemachten Annahmen erhalten würde. Diese Betrachtungen sind theoretisch sehr interessant; für die Praxis haben sie deshalb keine erschöpfende Bedeutung, weil die Abweichung zwischen den Annahmen der Theorie und den praktisch vorliegenden Tatsachen zu groß sind.

Man kann aus den vorausgehenden Betrachtungen des § 51 für die Schwingungsdämpfung den Grundsatz entnehmen, daß man möglichst viel Schwingungsenergie in der Dämpfungsvorrichtung vernichten muß. Die Wirkung eines Schlickschen Schiffskreisels oder eines Schlingertanks liegt also grundsätzlich nicht in der Verlagerung der Eigenschwingungszahl, sondern in der Energievernichtung. Überträgt man diesen Grundsatz auf den sich selbst überlassenen Schlickschen Schiffskreisel, so bekommt man günstigste Wirkung des Kreisels unter den theoretischen Annahmen, wenn die Reibung so groß ist, daß der Kreisel um $45°$ der Schiffsschwingung nacheilt[2]. Wenn man es aber irgend kann, wird man den Kreisel nicht sich selbst überlassen, sondern von der Schiffsschwingungsbewegung aus steuern. Eine zweckmäßige Steuerung wird immer den Kreisel so abbremsen, daß das Vorzeichen des auf das Schiff rückwirkenden Momentes in der äußersten Schiffsschwingungslage geändert wird. Beim schwingenden Kreisel erreicht man das theoretisch in der Weise am besten, daß man den Kreisel in der äußersten Schiffsschwingungslage plötzlich durch ein beliebig großes, nur ganz kurz wirkendes Moment zum Halten bringt, damit er beim Zurückschwingen des Schiffs ebenfalls zurückzuschwingen beginnt[3]. Viel zweckmäßiger und einfacher ist es aber, die Vorzeichenänderung des Moments dadurch zu erreichen, daß man den Kreisel umlaufen läßt (Rotationskreisel § 52).

§ 56. Der Frahmsche Schlingertank. Die Wirkung des Frahmschen Schlingertanks beruht in erster Linie auf einer Schwerpunktsverlagerung nach § 50. Zu dieser statischen Wirkung kommt noch eine dynamische nach § 51 hinzu, die je nachdem, ob das Verbin-

---

[1] Hahnkamm, E.: Zamm 1933, S. 183.
[2] Föppl, O.: Ing.-Arch. 1934, H. 1.
[3] Föppl, O.: Ing.-Arch. 1935, H. 5.

dungsrohr der beiden Tankseiten oberhalb oder unterhalb der
Schiffsdrehachse D liegt, die statische Wirkung unterstützt bzw.
mindert[1]. In Abb. 72 ist eine Anordnung mit innenliegendem Tank-
behälter dargestellt, bei der das Wasserverbindungsrohr oberhalb
der Drehachse D liegt, so daß sich bei dieser Anordnung dynamische
und statische Wirkung addieren.

Man kann nun auch wieder den Tank sich selbst überlassen und
unter der mit der Praxis sehr wenig in Übereinstimmung stehenden
Annahme, die Wasserreibung sei verhältnisgleich der Wasser-
geschwindigkeit, Gleichungen auf-
stellen, um günstigste Rohrabmes-
sungen und Drosselungen zu berechnen. Auch bei diesen theoretischen Betrachtungen sollte man
aber stets von der Grundbedingung
ausgehen, daß ähnlich wie in § 30
möglichst viel Schwingungsenergie
im Dämpfer vernichtet wird. Im
Beharrungszustand würde man das
wieder dann erreichen, wenn die
Wasserschwingung der Schiffsschwingung um 45° nacheilt.

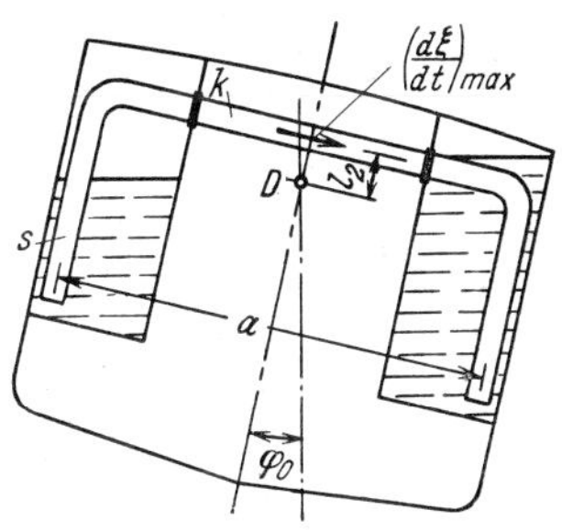

Abb. 72. Schlingertank mit
obenliegendem Verbindungsrohr k.

Man sieht aber sofort, daß eine solche Ausbildung des Frahmschen Schlingertanks sehr unvollkommen ist, da wieder nur die
Differenz der zeitweise dämpfenden und zeitweise aufschaukelnden
Wirkung der Schwerpunktsverschiebung des Wassers für die Dämpfung ausgenützt wird. Es ist viel zweckmäßiger, die Übertrittsbewegung des Wassers nicht sich selbst zu überlassen, sondern
durch eine Drosselklappe D in Abhängigkeit von der augenblicklichen Schiffsschwingungslage zu steuern[2]. Die Drosselklappe muß immer so geöffnet werden, daß das Wasser in den
beiden Tankbehältern dann gleich hoch steht, wenn das Schiff in
seiner äußersten Schwingungslage umkehrt. In diesem Augenblick
kehrt das dämpfende Moment ebenso wie die Schiffsschwingung das
Vorzeichen um. Dusold[3] hat Versuche an einem Schlingertank-
modell durchgeführt, bei denen eine Drosselklappe in dem angegebenen Sinne gesteuert worden ist. Diese besondere Steuerung
bewirkt nicht nur, daß das vom Tankwasser auf das Schiff aus-
geübte Moment stets dämpfend wirkt, sondern sie bewirkt auch,
daß die Schwingung des Tankwassers durch die vom schwingenden

<hr>

[1] Föppl, O.: Werft Reed. Hafen 1934, H. 6.
[2] Mitt. Wöhler-Inst. 1935, Heft 25, S. 9. Verlag Friedr. Vieweg.
[3] Mitt. Wöhler-Inst. 1935, Heft 25.

Schiff her ausgeübten Kräfte stets aufgeschaukelt wird. Bei dieser Steuerung wird also die Tankwasserschwingung ganz besonders stark aufgeschaukelt und hat auch aus diesem Grunde besonders starke dämpfende Wirkung auf die Schiffsschwingung.

Im Grenzfall kann man natürlich nur erreichen, daß das gesamte Tankwasser von der einen Seite zur anderen und umgekehrt überfließt. Wenn bei dieser Bewegung nicht schon genügend Schwingungsenergie vernichtet wird, muß man zusätzliche Einrichtungen schaffen, durch die die Übertrittsbewegung vor allem in den Grenzlagen zusätzlich gedrosselt wird.

Ein drosselgesteuerter Schlingertank ist dem sich selbst überlassenen Schlingertank in der Wirkung weit überlegen. Der sich selbst überlassene Schlingertank wird dann recht günstige Wirkung zeigen, wenn die durch die Wellen hervorgerufenen Schiffsschwingungen zufälligerweise mit der Eigenschwingungszahl des Tankwassers übereinstimmen. Bei größerer Abweichung schaukelt sich aber die Wasserschwingung nur wenig auf. Wenn man in diesem Falle eine von der Schiffsschwingungslage aus gesteuerte Drosselklappe verwendet, kann man den Resonanzfall auf ein großes Gebiet ausdehnen, so daß die besonders günstige Wirkung bei allen üblicherweise durch Wellen erregten Schiffsschwingungen vorhanden ist.

In der Praxis werden vielfach statt der innenliegenden Schlingertanks nach Abb. 72 auch außenliegende Schlingertanks verwendet, die mit dem umgebenden Seewasser unmittelbar verbunden sind. Die Lufträume über den außenliegenden Schlingertanks sind durch eine Luftleitung verbunden, in die man natürlich auch eine Drosselklappe würde einbauen können, um sie ähnlich zu steuern wie die vorgenannte Drosselklappe. Die Wirkung einer solchen Drosselklappe wäre aber viel geringer als bei innenliegenden Tanks, da ja die kinetische Energie des schwingenden Tankwassers, das immer wieder nach außen abfließt, nicht zur Aufschaukelung der Wasserschwingung ausgenützt werden kann. Man kann deshalb das Wasser in außenliegenden Schlingertanks nicht in der gewünschten Weise durch die Betätigung einer Drosselklappe aufschaukeln. Wenn man bei außenliegenden Tanks besonders günstige Dämpfungswirkungen erzielen will, muß man ein Gebläse verwenden, das bald auf den einen Tank und bald auf den anderen Tank geschaltet wird und das Wasser im Tempo der Schwingungszahl des Schiffes heraustreibt oder hereinsaugt. Durch die zusätzliche Verwendung eines Gebläses ist der außenliegende Schlingertank dem innenliegenden unterlegen, wenn man von dem sich selbst überlassenen zum gesteuerten Tank übergeht.

§ 57. Vergleich der Wirkungen eines Schlickschen Schiffskreisels und eines Frahmschen Schlingertanks. In § 50 haben wir gesehen, daß die Wirkung des Schlingertanks durch den Aufschaukelungs- bzw. Dämpfungswinkel $\Delta\varphi_{\mathrm{Sch}\,1}$ gemessen werden kann, der auf eine Schiffsschwingung bei 90° Phasenverschiebung auftritt. Wenn die Abmessungen des Schiffes einschließlich Tank sämtlich im gleichen Verhältnis λ geändert werden, ändert sich in Gl. (101) m' mit λ^3, b_0 mit λ, Θ_{Sch} mit λ^5 und η^2 mit $\dfrac{1}{\lambda}$. Man erreicht also gleichen Dämpfungswinkel $\Delta\varphi_{\mathrm{Sch}\,1}$ in beiden Fällen, wenn man die Schlingertankabmessung im gleichen Verhältnis λ wie die übrigen Schiffsabmessungen ändert.

Die gleiche Betrachtung soll für den Rotationskreisel angestellt werden. Die Gl. (103a) können wir auch in der Form schreiben

$$\Delta\varphi_{\mathrm{Sch}\,2} = \frac{4\,\Theta_D\,\omega_D}{\eta\,\Theta_{\mathrm{Sch}}} = \frac{4\,\Theta_D\,\Delta\varphi_D}{\Theta_{\mathrm{Sch}}} . \tag{104}$$

$\Delta\varphi_D$ ist dabei der gesamte Winkel, um den das Schwungrad aus der Nullage heraus bis zur größten Winkelgeschwindigkeit ω_D — also in der Zeit $\dfrac{T}{4}$ — verdreht wird. Wenn das Schwungrad nicht beschleunigt und verzögert wird, sondern die Verlagerung der Drehachse des Kreisels durch die Drehung um die Rahmenachse vor sich geht (§ 52), können wir unter der Annahme einer sinusförmigen Beschleunigung einen entsprechenden reduzierten Verdrehungswinkel $\Delta\varphi_D$ angeben:

$$\Delta\varphi_D = \int_0^{\frac{\pi}{2\,\eta}} \omega\,dt \ \text{ mit } \ \omega = \omega_D \sin\eta t , \tag{105}$$

also:

$$\Delta\varphi_D = \frac{\omega_D}{\eta} . \tag{106}$$

Bei einer verhältnismäßigen Änderung der Schiffsabmessungen um den Betrag λ kann der Kreisel eine im Verhältnis $\dfrac{1}{\lambda}$ größere Drehgeschwindigkeit haben, da die Haltbarkeit von der Umfangsgeschwindigkeit v des Schwungrads abhängt, die verhältnisgleich $r\cdot\omega$ ist. Bei der Verkleinerung im Verhältnis λ schwingt aber das Schiff rascher und zwar wird wieder η^2 im Verhältnis $\dfrac{1}{\lambda}$ anwachsen. Nach Gl. (104) ist der Leistungswinkel der Aufschaukelung bzw. der Dämpfungswinkel auf eine Schiffsschwingung verhältnisgleich mit $\dfrac{1}{\sqrt{\lambda}}$.

Nehmen wir z.B. an, ein Schiff von 40 000 t sei mit einem Schlingertank von 300 t Gewicht ausgerüstet, die Wirkung des drosselgesteuerten Tanks sei $\varDelta\varphi_{\mathrm{Sch\,1}} = 1{,}0°/\mathrm{Schw.}$ Wenn wir dieses Schiff im Verhältnis $\lambda = 1:4$ verkleinern, beträgt seine Wasserverdrängung 625 t. Um bei diesem verkleinerten Schiff wieder einen Aufschaukelungswinkel von 1°/Schw. zu erhalten, müssen wir ebenfalls $^3/_4\%$ des Gewichts gleich etwa 5 t auf den Schlingertank verwenden.

Wenn wir das gleiche Schiff von 40 000 t mit einem Rotationskreisel von 300 t Gewicht ausrüsten, mag die Schlingerdämpfung 0,5°/Schw. betragen. Bei dem verkleinerten Schiff dagegen von 625 t ist die Wirkung des auf 5 t verkleinerten Rotationskreisels 1°/Schw.

Man sieht daraus, daß der Schiffskreisel unter Umständen dann dem Schlingertank überlegen sein kann, wenn die Schlingerschwingungen eines Schiffs von kleinem Tonnengehalt abgedämpft werden sollen. Für große Schiffe kann aber nur die statische Abdämpfung durch Gewichtsverschiebung (z.B. der Schlingertank) in Frage kommen.

§ 58. Die praktische Bedeutung der Aufschaukelung von Schiffsschwingungen. Zur Zeit sind keine Umstände bekannt, unter denen es bei fahrenden Schiffen vorteilhaft sein könnte, Schiffsschwingungen künstlich aufzuschaukeln. Man ist froh, wenn das Schiff möglichst wenig Schwingungen ausführt, weil die von den Wellen erregten Schwingungen nicht nur für die Fahrgäste sehr störend sind, sondern weil auch die zur Fortbewegung des schlingernden Schiffes erforderliche Energie größer ist als bei ruhig fahrendem Schiff.

Es ist aber nicht gesagt, daß das schlingerfrei fahrende Schiff unter allen Umständen dem schlingernden Schiff in bezug auf Arbeitsökonomie überlegen ist. Es kann z.B. sein, daß bei einer bestimmten Fahrtgeschwindigkeit die Oberflächenwellen so ungünstig werden, daß das nicht schlingernde Schiff besonders viel Energie nötig hat. Dann kann man unter Umständen durch einen im Rhythmus der Schiffseigenschwingungszahl geschwenkten Rotationskreisel Schiffsschwingungen erzeugen, bei denen das Schiff eine geringere Antriebsenergie nötig hat. Vielleicht kann man auch bei einem Zweischraubenschiff dadurch besonders günstige Verhältnisse für den Vortrieb bekommen, daß man mit der künstlich erzeugten Schlingerbewegung die Umdrehungsgeschwindigkeit der Schraube — etwa durch Betätigung der Brennstoffpumpe — koppelt, so daß sich die Schraube im tief getauchten Zustand rascher oder langsamer dreht als im hochgetauchten Zustand. Versuche nach dieser Richtung sind weder an Schiffen noch an Flugzeugen bisher angestellt worden. Es ist nicht ausgeschlossen, daß sie später noch einmal sehr beachtliche Ergebnisse zeigen könnten.

Ich erinnere an einen ähnlichen Vorgang, der in den letzten 20 Jahren beträchtliche Überraschungen gebracht hat: An das Schwimmen. Früher war es selbstverständlich, daß der Mensch die symmetrischen Bewegungen des Brustschwimmens ausführte, wenn er rasch vorankommen wollte. Bis auf einmal ein Amerikaner zeigte, daß man durch Schlingerbewegungen des Körpers mit entsprechenden Bein- und Armbewegungen bei gleichem Arbeitsaufwand beträchtlich rascher vorankommen kann. Heute ist es so, daß bei einem Wettschwimmen der beste Brustschwimmer mit einem ernsthaften Kraulschwimmer nicht in Wettbewerb treten könnte, ohne daß man ihm wenigstens 10 % der Strecke als Vorsprung geben würde.

Gewiß beruht die Überlegenheit des Kraulschwimmens auf besonderen Eigenheiten — vor allem auf dem Vorbewegen beim Armschlag — die sich nicht auf das Schiff übertragen lassen. Das Beispiel zeigt aber doch, daß es auch bei der Fortbewegung im Wasser besonders günstige Verhältnisse geben kann, die man nur durch systematische Versuche findet.

Druck von Julius Beltz in Langensalza.